国家职业技能等级认定培训教程
国家基本职业培训包教材资源

中式烹调师

（初级）

编审委员会

主 任 刘 康 张 斌
副主任 荣庆华 冯 政
委 员 葛恒双 赵 欢 王小兵 张灵芝 吕红文 张晓燕 贾成千
高 文 瞿伟洁

 中国人力资源和社会保障出版集团

 中国劳动社会保障出版社 中国人事出版社

图书在版编目（CIP）数据

中式烹调师：初级 / 中国就业培训技术指导中心组织编写 . -- 北京：中国劳动社会保障出版社：中国人事出版社，2021

国家职业技能等级认定培训教程

ISBN 978-7-5167-4755-1

Ⅰ.①中… Ⅱ.①中… Ⅲ.①中式菜肴 – 烹饪 – 职业技能 – 鉴定 – 教材 Ⅳ.①TS972.117

中国版本图书馆 CIP 数据核字（2021）第 008181 号

中国劳动社会保障出版社
中国人事出版社 出版发行

（北京市惠新东街 1 号 邮政编码：100029）

*

北京市艺辉印刷有限公司印刷装订 新华书店经销

787 毫米 × 1092 毫米 16 开本 12.25 印张 200 千字
2021 年 3 月第 1 版 2023 年 10 月第 5 次印刷
定价：**42.00** 元

营销中心电话：400-606-6496
出版社网址：http://www.class.com.cn

国家职业技能等级认定培训教程·中式烹调师
编审委员会

主　　任　姜俊贤

执行主任　边　疆　杨铭铎

秘　　书　王　东　赵　界　李真真

委　　员（按姓氏笔画排序）

于　扬　王　东　王　劲　王鹏宇　王　黎　吕新河　严祥和

苏爱国　杜德新　李真真　吴　非　余梅胜　陈　健　武国栋

赵　界　赵福振　贾贵龙　高蓝洋　谢　欣　谢宗福

总 策 划　边　疆　杨铭铎

总 主 编　吕新河

主　　审　边　疆　杨铭铎

本书编写人员

主　编　王　东（常州旅游商贸高等职业技术学校）

　　　　高蓝洋（顺德职业技术学院）

前　言

为加快建立劳动者终身职业技能培训制度，大力实施职业技能提升行动，全面推行职业技能等级制度，推进技能人才评价制度改革，促进国家基本职业培训包制度与职业技能等级认定制度的有效衔接，进一步规范培训管理，提高培训质量，中国就业培训技术指导中心组织有关专家在《中式烹调师国家职业技能标准（2018年版）》（以下简称《标准》）制定工作基础上，编写了中式烹调师国家职业技能等级认定培训教程（以下简称中式烹调师等级教程）。

中式烹调师等级教程紧贴《标准》要求编写，内容上突出职业能力优先的编写原则，结构上按照职业功能模块分级别编写。该等级教程共包括《中式烹调师（基础知识）》《中式烹调师（初级）》《中式烹调师（中级）》《中式烹调师（高级）》《中式烹调师（技师　高级技师）》5本。《中式烹调师（基础知识）》是各级别中式烹调师均需掌握的基础知识，其他各级别教程内容分别包括各级别中式烹调师应掌握的理论知识和操作技能。

本书是中式烹调师等级教程中的一本，是职业技能等级认定推荐教程，也是职业技能等级认定题库开发的重要依据，已纳入国家基本职业培训包教材资源，适用于职业技能等级认定培训和中短期职业技能培训。

本书在编写过程中得到中国烹饪协会、顺德职业技术学院（中国烹饪学院）、常州旅游商贸高等职业技术学校等单位的大力支持与协助，在此一并表示衷心感谢。

中国就业培训技术指导中心

目 录 CONTENTS

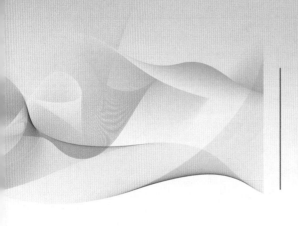

培训模块 一
原料初加工

内容结构图

```
原料初加工
├── 鲜活原料初加工
│   ├── 果蔬类原料初加工
│   │   ├── 果蔬类原料的品质鉴别与选择
│   │   └── 果蔬类原料初加工的技术要求与方法
│   ├── 家禽类原料初加工
│   │   ├── 家禽类原料初加工的技术要求
│   │   └── 家禽类原料的初加工方法
│   └── 有鳞鱼类原料初加工
│       ├── 有鳞鱼类原料初加工的技术要求
│       └── 有鳞鱼类原料的初加工方法
└── 加工制品类原料和干制植物性原料初加工
    ├── 加工制品类原料初加工
    │   ├── 加工制品类原料的品质鉴别
    │   └── 加工制品类原料的清洗技术要求
    └── 常见的干制植物性原料初加工
        ├── 水发加工的概念及种类
        └── 干制植物性原料的品质鉴别和水发技术要求
```

培训项目 ① 鲜活原料初加工

培训单元 1 果蔬类原料初加工

培训重点

1. 能够对果蔬类原料进行品质鉴别与选择。
2. 掌握果蔬类原料初加工技术要求。

知识要求

一、果蔬类原料的品质鉴别与选择

1. 果蔬类原料的品质鉴别

果蔬类原料的品质鉴别方法主要包括感官鉴定、理化鉴定和生物鉴定，对鲜嫩的果蔬类原料进行品质鉴定，主要依靠感官鉴定的方法。感官鉴定主要从原料的固有品质、纯度、成熟度、新鲜度和洁净卫生程度五个方面进行。

（1）根菜类蔬菜的品质鉴别

根菜类蔬菜以大小均匀，肉厚质细、脆嫩多汁，无损伤及病虫害、无黑心、无发芽、无泥土附着者为佳。

（2）茎菜类蔬菜的品质鉴别

茎菜类蔬菜以大小均匀，皮薄而光滑、皮面无锈斑，肉质细密鲜嫩，无烂根、无泥土附着者为佳。

（3）叶菜类蔬菜的品质鉴别

叶菜类蔬菜以鲜嫩清洁，叶片形状端正肥厚（或叶球坚实），无烂叶、黄叶、老梗，大小均匀，无损伤及病虫害，无烂根及无泥土附着者为佳。

（4）花菜类蔬菜的品质鉴别

花菜类蔬菜以花球及茎色泽新鲜，洁净、坚实、肉厚、质细嫩、无损伤及病虫害、无腐烂、无泥土附着者为佳。

（5）果菜类蔬菜的品质鉴别

果菜类蔬菜以大小均匀、果形周正、成熟度适宜、皮薄肉厚、质细脆嫩多汁、无损伤及病虫害、无腐烂者为佳。

（6）菌藻类原料的品质鉴别

菌类原料以子实体饱满肥厚、菌丝均匀、香气浓郁、杂质较少者为佳，藻类原料以色泽新鲜清洁、无损伤、无腐烂者为佳。

2. 果蔬类原料的选择

感官鉴别为优质的蔬菜原料可直接进行初加工，质次的蔬菜原料可以在剔除不可食用部分后加工使用，而劣质的蔬菜，如发青出芽的马铃薯，含有有毒物质，应该在加工烹调时严格把关，不予采用，防止引起食物中毒。另外，应特别注意食用菌类的选择，避免有毒菌类混入其中，引起食物中毒，造成严重后果。

果品一般应选择表皮色泽光亮、洁净，成熟度适宜，肉质鲜嫩、爽脆，具有本品固有的清香气味的。已成熟的果品应水分饱满并具备其固有的一切特征。

二、果蔬类原料初加工的技术要求与方法

1. 果蔬类原料初加工的技术要求

（1）按种类和食用部位合理加工

果蔬类原料的种类不同，其特性和食用部位也不同。因此，应按其种类和食用部位进行合理的加工，去除不能食用的部分，如去除叶菜类蔬菜的老叶、枯叶、黄叶，剥去鲜笋的外壳，削去莴苣的硬皮，挖掉南瓜中的老籽等。

（2）采用符合卫生要求的洗涤方法

果蔬类原料外表常沾有很多杂质和污物，如昆虫或虫卵、泥沙、病菌甚至残留的农药等。因此，对于不同种类的果蔬类原料要有针对性地采用不同的洗涤

方法。

1）对于易夹带泥沙的果蔬类原料，洗涤时，要特别注意掰开菜柄部位进行仔细冲洗。

2）对带有病虫害的果蔬类原料，必须细心除去虫卵后，再采用清水浸漂。虫卵较多不易除去的，可用手轻搓或用2%浓度的盐水浸泡后，再用流动水洗涤；也可将经加工整理的果蔬类原料放入0.3%浓度的高锰酸钾溶液中浸泡5 min，然后再用清水洗涤干净，这种方法主要用于洗涤凉拌食用的果蔬类原料。

3）对于可能有残留农药的果蔬类原料，必须反复冲洗、浸漂30 min以上，方能彻底清除果蔬类原料上残留的农药。

4）果蔬类原料洗涤干净后，应盛放在清洁的器皿中以防止二次污染。此外，有条件的还可将洗涤以后的果蔬类原料浸泡在被臭氧发生装置处理过的水中漂洗10 min左右。

（3）科学加工，保持营养

在果蔬类原料的初步加工中要注意减少营养素的流失，主要做法是科学洗涤，充分利用其可食用部分。

1）果蔬类原料中的许多营养素是水溶性的，如维生素C、B族维生素、矿物质等。若在初加工时方法不当，则很容易使果蔬类原料的营养素流失。因此，科学加工果蔬类原料，特别要注意采用科学的方法洗涤果蔬类原料，具体做法如下。

①先洗后切。强调先洗后切，主要是为了防止营养素在洗涤时从刀口处流失。

②切后即烹。切好的果蔬类原料若长时间不烹调，会使果蔬类原料创面因长时间接触空气而发生氧化，损失果蔬类原料中的营养素。

2）果蔬类原料初步加工时，要尽量利用可食用部分。具体举例如下。

①芹菜。芹菜茎可以食用，而嫩叶也有食用价值，其营养价值远远高于芹菜茎。芹菜叶可以制作成多种菜肴供食用，也可作为菜肴的点缀。

②莴苣。人们通常食用莴苣的茎部，实际上莴苣嫩叶同样可以食用，其营养价值远远高于莴苣茎。莴苣嫩叶既可以炒，也可以烩，还可制成汤菜。此外，还可以焯水后凉拌，味道极佳。

③菠菜。菠菜根呈红色，营养丰富，并含有纤维素、维生素，不含脂肪，烹调后味甜糯，具有很好的食疗作用。因此，菠菜在初加工时应尽量保留菠菜的根部，削去须根，留其主根供食用。

2. 果蔬类原料初加工的方法

（1）摘除整理

摘除整理多用于叶菜类，主要是去除老根、黄叶、杂物等。

（2）削剔处理

大多数根茎类和瓜果类蔬菜都需要削剔去皮后方能食用，如竹笋、萝卜、莴苣、冬瓜、南瓜等。

（3）洗涤

洗涤一般包括冲洗和浸泡两种方式。常见的洗涤方法有冷水洗、盐水洗和高锰酸钾溶液洗。洗涤方法的选用需视原料具体情况而定。

技能要求

技能 1　根菜类原料初加工

一、加工步骤

去皮→洗涤。

二、加工方法

根菜类原料加工方法较为简单，表皮光滑的根菜类原料一般先清洗干净，再进行去皮、整理，最后用清水洗净即可，如白萝卜、胡萝卜等。如果表皮粗糙且有坑洼，一般削去表皮后再用刀具剜去坑洼部位，如番薯等。部分新鲜根菜类原料去皮后直接与空气接触容易氧化变色，如山药、莲藕等，这类原料在初加工后需要立即浸泡在清水中，以防变色而影响菜肴色泽。

三、加工实例

1. 白萝卜的初加工

先用清水洗净白萝卜外表，用刀切去头尾，用刮刨顺长削去白萝卜表皮即可，如图 1-1 所示。初加工后的白萝卜如图 1-2 所示。

2. 山药的初加工

山药如图 1-3 所示。初加工时，先用清水冲洗山药表皮，去除泥沙，用刀削去山药须根，剜去坑洼部位，然后用刮刨顺长削去山药表皮，如图 1-4 所示。最后用清水冲洗干净，浸泡在清水中即可。

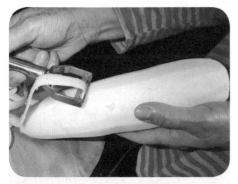

图1-1　削去白萝卜表皮

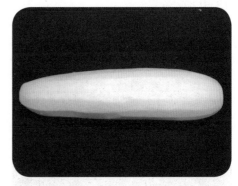

图1-2　初加工后的白萝卜

图1-3　山药

图1-4　山药削皮加工

技能2　茎菜类原料初加工

一、加工步骤

切去老根→去壳（表皮或老茎）→洗净。

二、加工方法

茎菜类原料初加工时一般先剥去外壳，并去除老茎、老叶或表皮。块茎类原料表皮含泥沙较多，可以先将原料放在清水里浸泡5 min，然后再用水冲洗干净，必要时可以使用毛刷去除坑洼部位的泥沙。质地较老的茎菜类原料，可以事先进行初步熟处理。

三、加工实例

1. 茭白的初加工

茭白如图1-5所示。初加工时，应从底部开始逐层剥去其外壳，切除底部较老部位，如果茭白表面有发黄或发黑的斑点，用刀削去即可。去壳加工后的茭白如图 1-6 所示。

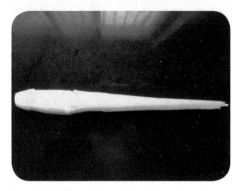

图 1-5　茭白

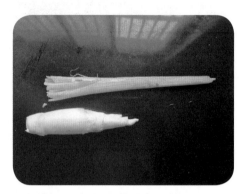

图 1-6　去壳加工后的茭白

2. 马铃薯的初加工

先用清水冲洗马铃薯表皮，用刷子除去坑洼处的泥沙，再用刀具或者刮刨削去外皮，如图 1-7 所示。削皮后挖出芽眼，洗净后用清水浸泡即可。初加工后的马铃薯如图 1-8 所示。

图 1-7　马铃薯削皮

图 1-8　初加工后的马铃薯

3. 莴苣的初加工

莴苣属于肉用茎类植物性原料，表皮老韧，皮外有叶子，一般初加工时先摘去莴苣表皮处叶子（头部的嫩叶可以保留），再用刀切除根部。由于其表皮韧性较强，一般使用刀具直接削去表皮，如图 1-9 所示，然后清洗干净，用清水浸泡。如果不浸泡清水，削皮后的莴苣接触空气容易变红，降低食用品质。初加工后的莴苣如图 1-10 所示。

图 1-9　削去莴苣表皮

图 1-10　初加工后的莴苣

技能 3　叶菜类原料初加工

一、加工步骤

摘剔→洗涤。

二、加工方法

叶菜类原料的初加工，一般先用刀切除原料根部较老的部位，随即剥去黄叶和老叶，再剥下嫩的菜叶连同菜心一起放入清水里清洗干净即可。如果是夏、秋季节的叶菜类原料，其上虫卵可能较多，可以采用盐水洗涤，方法是在 1 L 清水内投入 20 g 食盐，待食盐充分溶解后，将摘剔后的青菜直接放入盐水内，先浸泡 5 min，再用冷水反复冲洗干净即可。

三、加工实例

1. 生菜的初加工

生菜如图 1-11 所示。对新鲜生菜初加工，应先用刀切除生菜根部，剥去外层发黄、较老的叶片，然后将叶片剥下来放入清水中浸泡，清洗干净，最后将其放入清洁篮筐内沥干水分即可。初加工后的生菜如图 1-12 所示。

2. 韭菜的初加工

韭菜如图 1-13 所示。初加工时，用刀切除韭菜根部较老部位，并剥去根部外层较老、发黄、腐烂的韭菜叶，摘除韭菜叶尖端发黄部分，然后在清水中浸泡、清洗，去除藏在根部的泥沙、污物，根据韭菜洁净情况可反复冲洗，直至干净为止，最后将其放入清洁篮筐内沥干水分即可。初加工后的韭菜如图 1-14 所示。

图1-11　生菜

图1-12　初加工后的生菜

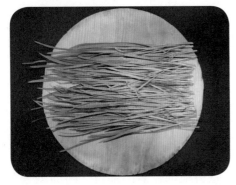

图1-13　韭菜

图1-14　初加工后的韭菜

技能4　花菜类原料初加工

一、加工步骤

去蒂及花柄（茎）→清洗→浸泡、沥水。

二、加工方法

花菜类原料的加工方法主要有掐、摘、刮、切等，除去花蕾上的锈斑、腐烂的花瓣和部分不可食用的花茎，之后用清水洗干净即可。

三、加工实例

1.花椰菜的初加工

加工新鲜花椰菜时，先用刀去除花蒂、茎叶以及花朵发黄的部分，再将花瓣切下来，如图1-15所示。根据菜肴烹制需要，可以将较大的花瓣切开，然后将花瓣放入清水中浸泡、清洗，最后捞出沥干水分即可。初加工后的花椰菜如图1-16所示。

图 1-15　切下花椰菜的花瓣

图 1-16　初加工后的花椰菜

2. 西兰花的初加工

新鲜西兰花形态与花椰菜相似，可以参照花椰菜的初加工方法进行加工，如图 1-17 所示。注意洗涤时要保持西兰花的完整性，尽量做到先洗后切。初加工后的西兰花如图 1-18 所示。

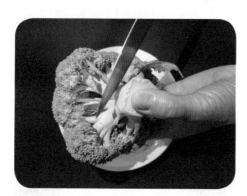

图 1-17　西兰花初加工

图 1-18　初加工后的西兰花

技能 5　果菜类原料初加工

一、加工步骤

去表皮、污斑、花蒂→洗涤→去籽瓤→清洗。

二、加工方法

果菜类原料种类不同，加工处理方法也稍有差异，有的需要去皮、去花蒂，有的仅需要去除花蒂，有的还需要去除籽和瓤等不能食用的部位。进行上述处理后，用水冲净。

三、加工实例

1. 青椒的初加工

青椒如图 1-19 所示。挑选时需要选择头部没有腐烂的青椒，在初加工时一般先去除青椒蒂柄，然后掏出青椒内部的籽和瓤，用清水洗净青椒表皮和内部即可。初加工后的青椒如图 1-20 所示。

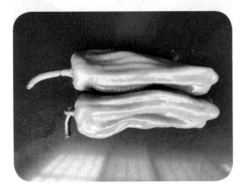

图 1-19　青椒

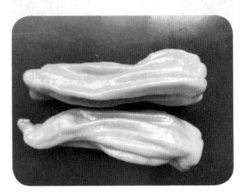

图 1-20　初加工后的青椒

2. 老黄瓜的初加工

老黄瓜如图 1-21 所示。老黄瓜一般用于长时间焖煮。在初加工时，先削去皮，再切除头尾，用刀顺长剖开后，用手指或者勺子挖出籽和瓤，然后洗净即可。初加工后的老黄瓜如图 1-22 所示。

图 1-21　老黄瓜

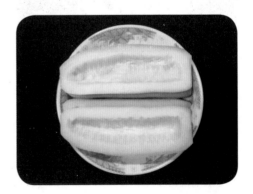

图 1-22　初加工后的老黄瓜

技能 6　食用菌藻类原料初加工

一、加工步骤

初步整理→洗涤。

二、加工方法

处理食用菌类原料时，一般先用软刷刷去泥沙等异物，边冲洗边刷，待泥沙等异物完全去除后，再用水冲洗干净即可。如果异味较重，可以放入沸水中稍烫一下，即可去除异味，然后用冷水冲凉待用。处理食用藻类原料时，一般根据原料的品质先去除老根和杂质，然后用清水反复漂洗，去净泥沙即可。

三、加工实例

1. 鲜香菇的初加工

鲜香菇如图 1-23 所示。加工时，先将鲜香菇浸泡在清水中洗净，用剪刀剪去老根，可以根据需要剪下柱状部分，仅留下菌冠部分。初加工后的鲜香菇如图 1-24 所示。

图 1-23　鲜香菇　　　　　　　　　图 1-24　初加工后的鲜香菇

2. 海带的初加工

挑选新鲜海带，用剪刀剪去根部较老部位，如图 1-25 所示，然后去除海带叶面杂质，用清水浸泡后反复冲洗即可。洗涤海带时也可以用热水先浸泡 2~3 h，然后再清洗。初加工后的海带如图 1-26 所示。

图 1-25　剪去海带根部较老部位　　　图 1-26　初加工后的海带

培训单元 2　家禽类原料初加工

培训重点

1. 掌握家禽类原料的初加工技术要求。
2. 掌握家禽类原料的初加工方法。

知识要求

一、家禽类原料初加工的技术要求

用于烹调菜肴的家禽主要有鸡、鸭、鹅、鸽等。由于家禽均有羽毛，带有内脏且较污秽，因此，家禽类原料初加工的好坏对菜肴的质量有着极为重要的影响。在初加工时应认真细致，并特别注意以下几点。

1. 宰杀时血管、气管必须割断，血要放尽

如没将气管割断，则家禽不能立即死亡；如血管没割断，则家禽血液流不尽，会使禽肉色泽发红，影响菜肴的质量。

2. 褪毛时要掌握好水的温度和烫制的时间

烫泡家禽类原料的水温和时间，应根据家禽类原料的品种、肉质老嫩和季节的变化灵活掌握。一般情况下，肉质老的，烫泡时间应长一些，水温也略高一些；肉质嫩的，烫泡时间可略短一些，水温也可低一些。冬季水温应高一些，夏季水温应低一些，春秋两季水温应适中。此外，还要根据不同的品种来掌握时间和水温，就烫泡的时间而言，鸡可短一些，鸭、鹅就要长一些。

3. 合理分档，物尽其用

家禽类原料的各部位均可利用，如头、爪可用来煮汤或卤、酱等，肝、肠、心、肫和血可烹制各种美味菜肴，羽毛可用于加工羽绒制品。因此，在对家禽类原料进行初步加工时，其各部位不能随意丢弃，做到物尽其用。

4.整理到位，洗涤干净

家禽类原料必须洗涤干净，特别是腹腔要反复冲洗，直至血污冲净为止，否则会影响菜肴的口味和色泽。在家禽类原料的初加工整理过程中，胆囊、嗉囊、气管、淋巴、肺等一般丢弃不用。特别要注意的是现在市场售卖的家禽腿部带金属环，在初加工过程中要仔细去除，不能混入原料中，以避免造成食品安全事故。

二、家禽类原料的初加工方法

以市场、超市购买的已经宰杀好、褪毛干净的家禽为例，初加工主要包括开膛取内脏、内脏整理、清洗加工等步骤。

1.开膛取内脏

开膛取内脏的方法可根据烹调的需要而定，比较常用的有腹开、背开和肋开三种。

（1）腹开

先在禽颈右侧的脊椎骨处开一刀口，取出嗉囊，再在肛门与肚皮之间开一条8~10 cm长的刀口，由此处轻轻地拉出内脏，然后将禽身冲洗干净即可。

（2）背开

由禽的脊背处劈开取出内脏，然后冲洗干净禽身即可。

（3）肋开

在禽的右肋（或左肋）下开一个刀口，然后从刀口处将内脏取出，同时取出嗉囊，冲洗干净禽身即可。

需要提醒的是，不论采取哪一种开膛方法，开膛取出内脏时，都应注意不要弄破嗉囊、肝脏与胆囊。鸡、鸭、鹅的肝脏可食用，破损了极为可惜；胆囊内有苦汁，一旦破损肉质便有苦味；而破坏了嗉囊会给清理工作带来很大的麻烦。家禽的肺部一般都紧贴肋骨不容易去除干净，如果残留体内就会影响汤汁质量，炖汤时会出现汤汁混浊变红的现象。取出内脏的禽身要采用流水冲洗，主要目的是冲尽血污，还能进一步去尽体表的杂毛。

2.内脏整理

家禽类原料的内脏中最常用的是心脏、肝脏和胗。体型较大的家禽，其肠子、脂肪、睾丸等也都可以加工食用。

（1）心脏

撕去表膜，切掉顶部的血管，然后用刀将其剖开，放入清水中冲洗即可。

（2）肝脏

摘去胆囊，用清水洗净，如果胆汁溢出应立即冲洗，并切除沾有较多胆汁的部位，以免影响菜肴的风味。

（3）肫

肫就是家禽的胃。加工时先剪去前段食管及肠，从侧面将其剖开，冲去残留的食物残渣，然后撕去内层的黄皮（俗称鸡内金，可入药），洗净。如果用于爆炒，还需除去外表的韧皮。

（4）肠子

加工时先挤去肠内的污物，用剪刀剖开后冲洗，再用刀在内壁轻轻刮一下，然后加盐、醋反复搓揉，用清水冲洗干净即可。

（5）脂肪

老鸡或老鸭的腹中一般积存有大量的脂肪，它们对菜肴的风味起到很重要的作用。脂肪不宜直接下锅煎熬，可以将其取出提炼成油。将脂肪洗净后切碎放入碗内，加葱、姜后上笼蒸，然后去掉葱和姜即可，这样可使其油清、色黄、味香。

（6）睾丸

家禽的睾丸俗称腰子，是烹调佳材，不可舍弃。初加工时，先用盐轻轻搓揉，然后用清水冲洗，一般可作烩菜或炖汤之用，也可加葱、姜上笼蒸，撕去外皮食用。

此外，家禽类原料的头、颈、舌、翅膀、脚爪经清理后都可以分别成菜。如鸭舌就是特色原料之一，加工时要剥去舌表的外膜，加热成熟后抽去舌骨即可备用。

3. 清洗加工

家禽类原料在初加工阶段的最后还需要除去表皮的绒毛，这是因为在宰杀、褪毛后家禽的表皮上还会残留很多较细小的绒毛，需要拔除干净，必要时可以用明火将其烧去，然后用清水冲洗干净，使表皮洁白。特别需要注意的是，禽类的腹腔内部需要用流水冲洗，避免血污、肺等残留在腹腔内，影响烹饪效果。

技能要求

技能1　光鸡的初加工

一、加工步骤

宰杀、煺毛干净的光鸡开膛取内脏→洗涤整理。

二、加工方法

1. 腹部开膛

腹部开膛法是最常用的开膛方法，具体加工步骤如下：首先在光鸡颈部右侧的脊椎骨处竖开一刀口，取出嗉囊及气管。接着，在肛门与肚皮之间横开一条长 8～10 cm 的刀口，将手伸进腹内，用手指撕开内脏与鸡身相粘连的膜，轻轻拉出内脏，挖去肺脏，洗净腹内血污。最后，将光鸡身体内外部清洗干净即可。光鸡的腹部开膛加工如图1-27所示，腹部开膛后的光鸡如图1-28所示。

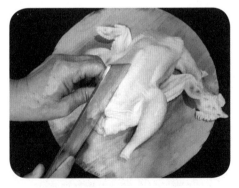

图1-27　光鸡的腹部开膛加工　　　　　图1-28　腹部开膛后的光鸡

2. 背部开膛

背部开膛法较少使用，具体加工步骤如下：首先在光鸡颈部右侧的脊椎骨处竖开一刀口，取出嗉囊及气管。接着，左手按住鸡身使鸡背部向上，右手持刀在背部靠尾端脊椎骨处开刀至颈部，将手伸进腹内，取出全部内脏，方法同腹部开膛法。最后，将光鸡体内外部冲洗干净即可。光鸡的背部开膛加工如图1-29所示，背部开膛后的光鸡如图1-30所示。

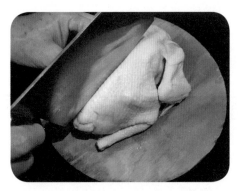

图 1-29　光鸡的背部开膛加工

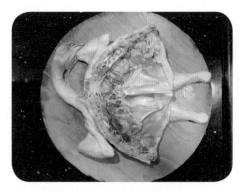

图 1-30　背部开膛后的光鸡

3. 肋部开膛

肋部开膛法具体操作步骤如下：将鸡身侧放，左手拉起鸡翅，右手持刀在鸡翅膀根部下开一条长 5~8 cm 的刀口，再用右手食指和中指伸入腹部，轻轻拉出全部内脏。在操作时要注意不要碰破嗉囊和胆囊，并且要抠出鸡肺，最后将清水灌入，反复清洗干净即可。光鸡的肋部开膛加工如图 1-31 所示。

4. 整理内脏

（1）鸡肫

1）割去前段食管及肠，将鸡肫剖开，如图 1-32 所示，剖开后应除去污物。

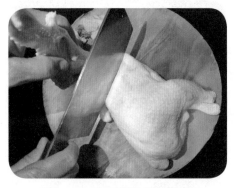

图 1-31　光鸡的肋部开膛加工

图 1-32　剖开鸡肫

2）剥除内壁黄皮，如图 1-33 所示，撕去外表筋膜，然后用刀片下最外层的筋膜。

3）将鸡肫冲洗干净，整理好的鸡肫如图 1-34 所示。

（2）鸡肝

1）用手摘除或用刀切除附着在肝脏上的胆囊，如图 1-35 所示。

2）将肝脏中的黄色、白色或硬块部分去除干净，否则不能用于烹调。

图 1-33　剥除内壁黄皮

图 1-34　整理好的鸡肫

3）最后用清水将其洗净即可。整理好的鸡肝如图 1-36 所示。

图 1-35　切除胆囊

图 1-36　整理好的鸡肝

（3）鸡心

1）撕去鸡心外膜，切掉顶部的血管。

2）用刀将其剖开，如图 1-37 所示，剖开后将其放入清水中洗净血污即可。整理好的鸡心如图 1-38 所示。

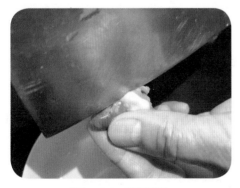

图 1-37　剖开鸡心

图 1-38　整理好的鸡心

（4）鸡肠

1）将肠理直，去掉肠边的两条白色胰脏。

2）用剪刀剪开肠子，如图1-39所示，剪开后洗净。

3）加盐、醋反复搓洗，直至除去肠壁上的黏液和异味。

4）用清水将除去黏液和异味的肠洗涤干净即可。整理好的鸡肠如图1-40所示。

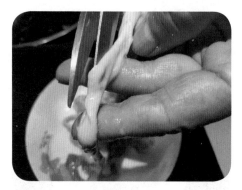

图1-39 剪开鸡肠

图1-40 整理好的鸡肠

（5）鸡油

鸡的油脂味道鲜美，在熬制浓汤时若将其溶在浓汤中，用大火翻煮，油脂便会在鲜汤中形成乳化物，使汤产生特殊的鲜美味道。加工后的油脂可用来烹制一些菜肴，如鸡油菜心。

技能2 光鸭的初加工

一、加工步骤

宰杀、煺毛干净的光鸭开膛取内脏→洗涤整理。

二、加工方法

光鸭的初加工步骤与光鸡相似，包括开膛并取出内脏、整理内脏和冲洗整理。值得注意的是，活鸭宰杀、褪毛后体表的绒毛较光鸡更多，因此，在初加工后必须将光鸭体表的绒毛处理干净，否则会影响烹饪效果。

技能 3　鸽子的初加工

一、加工步骤

浸水淹死→褪毛→开膛取内脏→洗涤。

二、加工方法

用左手握住鸽子的翅膀，右手抓住其头部往水盆里按，直到鸽子窒息，再用60 ℃的温水浸泡拔毛。拔毛后，在鸽子的腹部或背部切开，将内脏取出，用水冲洗干净即可。鸽子还可用灌酒后干拔毛的方法进行初加工。即用左手的虎口将鸽子的翅膀握住，右手指将鸽子的嘴撬开，用左手指捏住，右手用小汤勺将白酒灌入，直到鸽子的头歪斜在一边，然后用手轻轻地拔毛，再用刀在背部或腹部开一刀口将内脏取出，反复地冲洗干净即可。

培训单元 3　有鳞鱼类原料初加工

培训重点

1. 掌握有鳞鱼类原料的初加工技术要求。
2. 掌握有鳞鱼类原料的初加工方法。

知识要求

一、有鳞鱼类原料初加工的技术要求

有鳞鱼类在切配、烹调之前，一般须经过宰杀、刮鳞、去鳃、去内脏、洗涤等初加工步骤。具体操作根据不同的原料品种和具体的烹调用途而定。

1. 除去不可食用部分

有鳞鱼类在初加工时，必须将鱼鳞、鱼鳃、内脏、硬壳、沙粒、黏液等除净，特别要注意除去腥味，以保证菜肴的质量不受影响。

2. 根据烹调要求进行加工

有鳞鱼类初加工时，需要根据烹调的不同要求采取不同的加工方法，这是因为不同的菜肴品种对鱼体的形态要求不同。常规初加工采取剖开鱼腹去内脏的方法，如烹制红烧鱼；用于出肉加工的鱼则可开鱼背去内脏，这样鱼肉出料率更高；制作干烧鱼、清炖鱼、脱骨鱼等需完整造型的菜肴，则需从鱼嘴中将鱼鳃和内脏卷出，而不能剖腹取内脏。

3. 根据原料的不同品种进行加工

有鳞鱼类的种类很多且性质各异。鱼类的鳞片有大小之分，且与鱼皮连接的紧密程度也有差异。有的鱼类体表黏液较多，有的还带有沙粒。所以，在初加工时应根据不同品种的特点进行加工，才能保证原料的质量符合烹调的要求。如一般的鱼都须刮去鳞片，但新鲜的鲥鱼和白鳞鱼则不能去鳞。

4. 合理取料，物尽其用

有鳞鱼类在初加工时，要充分合理地利用各种原料，还要注意节约原料，避免浪费。对一些形体比较大的鱼，初加工时应注意分档取料、合理使用。如青鱼的头尾、肚档可以分别红烧，中段（鱼身）则可出肉加工成片、条、丝以及制茸等；鱼骨可以煮汤；体型较大的海鱼的鱼鳔可制成鱼肚。

二、有鳞鱼类原料的初加工方法

1. 放血、宰杀

大部分新鲜活鱼宰杀时需要先放血，因为鱼类的血液具有腥味，血放干净后鱼肉色泽会更加洁白，腥味会减淡。鱼类放血的基本步骤是将活鱼按在砧板上，腹部朝内，鱼背向外，如果鱼身体很滑，必须用干抹布按住避免滑动。然后切断鱼鳃根部，将鱼放入盆中让血流出。如果鱼较大，则需要先用刀或者木棍对准鱼头将鱼敲晕，再割断鱼鳃根部放血宰杀。

2. 刮鳞

刮鳞又称打鳞，是指将鱼表面的鳞片刮净。刮鳞时不能顺刮，需逆刮。具体操作方法是：将鱼头向左，鱼尾向右平放，用左手按住鱼头，右手持刀从尾部向头部刮，将鱼鳞刮干净。但有些鱼（如鲥鱼）的鳞含有丰富的脂肪，味道鲜美，不应刮掉。

3. 去鳃

去鱼鳃一般可用手或刀直接挖出，如鲤鱼和鲫鱼的鳃要用刀挖出；鱼鳃较硬且带刺的，则要用剪刀剪断后再拉出，如鳜鱼的鳃很坚硬，而且带有刺，用剪刀剪更安全。黄花鱼的鳃可以用筷子直接绞出。

4. 剖腹取内脏

去内脏的方法一般有剖腹取、剖背取和口腔取三种。剖腹取是将鱼的腹部从肛门到胸鳍沿直线剖开，取出内脏，并去除腹内黑膜，是最常用的取内脏方法。剖背取是指将鱼的脊背剖开，取出内脏并去除黑膜，这种方法可用于体型较大鱼类的腌制及某些整鱼的去骨。口腔取是在鱼肛门处开一小横刀口，将肠子割断，然后将方筷从鱼鳃口腔处插入，夹住鱼鳃用力搅动，使鱼鳃和内脏一起卷出，然后再用清水冲洗干净腹内血污，这种方法适用于整鱼上席的菜肴，注意不能碰破苦胆，以免影响原料的质量。

5. 洗涤整理

有鳞鱼类的腥味主要来源于鱼血和其腹腔内壁的黑膜。因此，鱼类初加工后必须用清水冲洗干净腹腔内部的血污，并去除黏附在鱼的腹腔内壁的黑膜。如果清水冲洗无法去除，可以用刀刃轻轻贴着腹壁将黑膜刮除，然后再用清水冲洗干净。另外，完成初加工的鱼类可以根据成菜的需求，用刀修剪鱼鳍、鱼尾，达到美化鱼类菜肴外观的效果。

技能要求

技能1 鲤鱼的初加工

一、加工步骤

宰杀→刮鳞→去鳃→去内脏→洗涤。

二、加工方法

1. 左手垫干净抹布按住鱼身，如图1-41所示，右手握刀切断鱼鳃根部放血。

2. 放血完成后，左手按住鱼头，右手握刀，用刀刃或者刀顶部从鱼尾部向头部用力刮去鳞片，翻转鱼身，用同样的方法刮去另一边鱼鳞，如图1-42所示。

图1-41 按住鱼身	图1-42 刮鱼鳞

3. 将鱼鳃挖出，注意两边鱼鳃都要去除，如图1-43所示。

4. 左手按住鱼身，右手握刀从鱼的胸部到肛门处剖开腹部，如图1-44所示。然后挖出内脏，腹部的黑膜用刀刮一刮，保留鱼鳔、鱼子，如图1-45所示。

图1-43 去鱼鳃	图1-44 剖开腹部

5. 用水将鲤鱼身体上、腹腔内的血污冲洗干净，腹部黑膜去除干净。初加工后的鲤鱼如图1-46所示。

图1-45 去内脏	图1-46 初加工后的鲤鱼

三、注意事项

1. 鲤鱼腹部、胸部、头部的鱼鳞要刮洗干净。

2. 鲤鱼腹腔内部的黑膜要刮洗干净。

3. 鱼鳔和鱼子上会黏附黏膜，使用时也需要清除干净。

技能 2　黑鱼的初加工

一、加工步骤

宰杀→刮鳞→去鳃→去内脏→洗涤。

二、加工方法

1. 左手按住黑鱼鱼身，如图 1-47 所示，用刀或者木棍对准黑鱼头部将黑鱼敲晕，右手握刀切断鱼鳃根部放血。

2. 放血完成后，左手按住鱼头，右手握刀用刀刃从鱼尾部向头部用力刮去鳞片，刮净一侧后翻转鱼身，用同样方法刮去另一侧鱼鳞，最后将头部鱼鳞刮干净，如图 1-48 所示。

3. 用剪刀将鱼鳃剪断并挖出，如图 1-49、图 1-50 所示。

图 1-47　按住鱼身

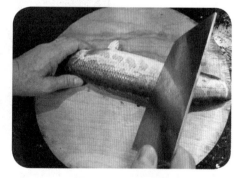

图 1-48　刮鱼鳞

图 1-49　剪断鳃根

图 1-50　挖出鱼鳃

4.左手按住鱼身，右手握刀从鱼的胸部到肛门处剖开腹部，挖出内脏，用刀刮净腹部的黑膜，保留鱼鳔、鱼子。黑鱼开肚如图1-51所示，黑鱼去内脏如图1-52所示。

图1-51　黑鱼开肚　　　　　　　　　图1-52　黑鱼去内脏

5.用水将黑鱼身体上、腹腔内的血污冲洗干净，腹部黑膜去除干净即可，洗涤后的黑鱼如图1-53所示。

图1-53　洗涤后的黑鱼

三、注意事项

1.黑鱼较为凶猛，应先敲晕，再放血宰杀。

2.黑鱼鱼鳞较小且头部也有鱼鳞，均要刮洗干净。

3.鱼鳔和鱼子上会黏附黏膜，使用时也要清除干净。

4.黑鱼体表黏液较多，初加工后可以用干抹布擦拭干净，或者用热水烫后洗净黏液，既便于分档加工，也能去除腥味。

培训项目 ② 加工制品类原料和干制植物性原料初加工

培训单元 1　加工制品类原料初加工

1. 掌握加工制品类原料的品质鉴别。
2. 掌握加工制品类原料的清洗技术要求。

一、加工制品类原料的品质鉴别

1. 植物性加工制品类原料的品质鉴别

（1）豆制品

加工制品类原料的种类很多，其中植物性加工制品类原料以豆制品最为常见，即以大豆、小豆、青豆、豌豆、蚕豆等豆类为主要原料加工而成的食品。大多数豆制品是由大豆的豆浆凝固而成的豆腐和其再制品，如豆腐丝、豆腐干、豆腐皮等，也包括干制品，如干腐皮、干腐竹、干豆筋等。

植物性加工制品类原料的品质一般从其颜色、形态、气味、质感等方面进行感官鉴别。市售豆制品以色泽自然、无发霉变质者为佳。优质豆腐呈淡黄色或白色，边角完整，无凹凸，口感细嫩，软硬适宜，无杂质，无异味；好的豆腐皮呈淡黄色，片状，表面细腻，薄厚均匀，有弹性，不发黏，无杂质；品质较优的干腐竹颜色淡黄，油亮，干燥，形态完整。

（2）腌制品

冬菜是用箭杆青菜或大白菜等加工而成的腌制品，因加工制作多在冬季而得名。冬菜是我国著名的优质腌菜，主要产于北京、天津、四川、浙江等地，主要品种有川冬菜、津冬菜、京冬菜等。优质冬菜开坛时香气扑鼻，丝条均匀，质嫩味鲜，色泽深黄而稍带酱色，滋润略显明亮，质感柔而不黏手，咸淡适口，香味浓郁，无异味。

泡菜是将新鲜的蔬菜经预处理后装入专用的泡菜坛中，在低浓度食盐溶液中进行乳酸发酵而制成的一种酸菜，是一种大众化的简易蔬菜加工制品。泡菜全国各地均有加工，四川产的风味最佳。泡菜以菜质细嫩、酸味鲜美、咸淡适度者为佳。

2. 动物性加工制品类原料的品质鉴别

动物性加工制品类原料以腌腊肉制品为主，主要品种有火腿、腌肉、腊肉等。肉类用盐腌制后，性质会发生很大变化：原料组织收缩，质感变硬，嫩度降低，保存期延长，色泽、口味也会发生变化。火腿是常用的动物性加工制品类原料，其质量鉴别标准见表1-1。

表1-1 火腿的质量鉴别标准

项目	优质	质次	变质
外形	爪弯腿直，腰峰长，似竹叶状，加工精细，腿身平整，爪细，油头部分较小	腿爪粗胖，加工粗糙	
表面	皮薄，干净，光滑，坚硬，无毛，无裂缝，无虫蛀或刀绞痕迹	皮稍厚，骨骼外露，无严重虫蛀现象，微有黏液，腿体有裂缝和伤痕，皮上有毛	
肉质	瘦肉多，肥膘少，腿心饱满，肉质紧密、结实	瘦肉少，肥肉多，肉质稍松软	肉质干硬或如海绵
皮色	火红或黄亮，无红斑	黄，无光泽	
气味	味淡，有独特浓郁腊香味	味稍咸，无腊香气或有轻微的哈喇味	有严重酸味、臭味、哈喇味和苦涩味
横切面	刀口光洁，肉质紧密，瘦肉呈玫瑰红色，肉膘中心呈玉白色，边缘呈乳黄色，切面干燥，有光泽	刀口稍湿润，瘦肉呈深红色，肥膘呈淡黄色，无光泽，肉质松软	瘦肉呈酱色，并有灰色、褐色斑点，肥膘呈黄褐色

二、加工制品类原料的清洗技术要求

植物性加工制品类原料中的豆制品大多数为新鲜熟制品或者干制品，卫生条件普遍较好，比如豆腐等采购回来只需要用清水浸泡冲洗即可使用，干制品则需要事先用冷水或温水泡发。动物性加工制品类原料在腌制或熏制加工过程中，容易受灰尘、污物甚至微生物的污染，并且表面会吸附一些不能食用的杂质，加工前应先用清水冲洗干净。另外，加工制品类原料在储存、运输过程中容易受到外界环境的污染，严重的会发生变质、变味现象，所以在食用或进行烹饪加工前，必须先进行处理。

技能要求

技能　加工制品类原料初加工

一、常见豆制品的初加工

大多数豆制品的干制品在使用前需要涨发，一般使用温水进行涨发加工，泡至回软即可，如干腐皮、干腐竹；少部分干制品需要通过油发使其膨胀后使用，如豆筋、豆腐泡等。干腐竹如图 1-54 所示，水发后的腐竹如图 1-55 所示。

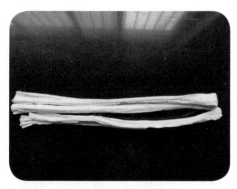

图 1-54　干腐竹

图 1-55　水发后的腐竹

二、火腿的清洗加工

1. 将整只火腿放在清水中浸泡 6 h。

2. 取出浸泡后的火腿，用热的食用碱水溶液将火腿外表刷洗干净。

3. 将刷洗干净的火腿皮朝下、肉朝上放置在容器中，依次加入黄酒、葱、姜，蒸制约 3 h。

4. 蒸制好的火腿进行初步冷却后，剔掉硬皮、骨骼、油脂，斩掉猪爪，用刀片去腐肉、黄脂，分割成块即可。

三、腊肉的清洗加工

1. 将腊肉放在清水中浸泡片刻后取出，用热的食用碱水溶液将腊肉外表刷洗干净，再用清水冲净。

2. 将清理干净的腊肉皮朝下、肉朝上放在容器中，依次加入黄酒、葱、姜，蒸制约 2 h。

3. 将蒸制好的腊肉取出冷却后，剔掉腊肉硬皮，片去腐肉、黄脂即可。腊肉如图 1-56 所示，初加工后的腊肉如图 1-57 所示。

图 1-56　腊肉

图 1-57　初加工后的腊肉

四、腊肠的清洗加工

1. 将腊肠放在清水中刷洗干净后，用热的食用碱水溶液将腊肠外表洗干净，再用清水冲净。

2. 将处理干净的腊肠上笼蒸制约 1 h 即可。腊肠如图 1-58 所示，初加工后的腊肠如图 1-59 所示。

五、咸鱼的清洗加工

1. 将咸鱼放在清水中浸泡片刻后取出，用热的食用碱水溶液将咸鱼外表刷洗干净并将咸鱼体表的鱼鳞清理干净，再用清水冲净。

2. 将清洗干净的咸鱼再用清水浸泡一段时间，其目的是减少鱼肉的盐分，浸泡时间的长短应视咸鱼的含盐量而定。咸鱼如图 1-60 所示，初加工后的咸鱼如图 1-61 所示。

图 1-58　腊肠

图 1-59　初加工后的腊肠

图 1-60　咸鱼

图 1-61　初加工后的咸鱼

六、咸肉的清洗加工

1. 将咸肉放在清水中刷洗干净，然后用热的食用碱水溶液将咸肉表面洗干净，再用清水冲净。若咸肉含盐量高，则还要再用清水浸泡一段时间以减少肉的盐分。

2. 将处理好的咸肉上笼蒸制约 2 h。

3. 将蒸制好的咸肉取出，待冷却后剔掉硬皮即可。

七、腊鱼的清洗加工

1. 将腊鱼放在清水中浸泡片刻后取出，然后用热的食用碱水溶液将腊鱼外表刷洗干净，并清理干净腊鱼体表的鱼鳞，再用清水将其冲洗干净。

2. 将处理好的腊鱼用蒸笼蒸制约 1.5 h，取出冷却后即可。

八、风鸡的清洗加工

1. 先将风鸡的毛拔净，放在清水中浸泡至回软。然后除净其小毛，用热的食用碱水溶液将其表面刷洗干净，再用清水冲净。

2. 开膛取出风鸡的内脏并斩掉鸡爪，将其放在容器中，加入黄酒、葱、姜，蒸制约 2 h，取出冷却后即可。

培训单元2　常见的干制植物性原料初加工

1. 掌握水发加工的概念及种类。
2. 掌握干制植物性原料的品质鉴别和水发技术要求。

一、水发加工的概念及种类

1. 水发加工的概念

以水为介质使干制原料尽量恢复到新鲜状态的过程称为水发。水发是最基本、最常用的发料方法，是各种干货原料在涨发时所必经的程序之一。在水发过程中，干制原料内部浓度高，外部浓度低，因此产生了一定的渗透压，同时细胞膜具有通透性，水分就通过细胞膜向细胞内扩散，干制原料吸水膨润。水发受到原料性状、水发温度、水发时间等条件的影响。在干制原料未能达到吸水平衡时，温度越高、硬度越低、时间越长，复水率越高。

2. 水发加工的种类

水发加工根据用水温度的不同，可分为冷水发、温水发、热水发。

（1）冷水发

冷水发是指将干制原料直接静置在常温水中，使其自然涨发的过程。此法主要适用于体小质嫩的干制原料，如木耳、银耳、发菜等。另外，不论冷水发还是热水发的预发，均能提高干制原料的复水率，避免某些干制原料如莲子等表面破裂和受到碱液的直接腐蚀。冷水发还可用于其他发料方法的后续处理。

（2）温水发

温水发是指将干制原料放在60 ℃左右的水中，使其自然涨发的过程。此法利用温度升高可加速水分子运动的原理提高发料的速度，涨发的功效比冷水发强，尤其适用于冷水发干制原料冬季涨发。适用于温水发的干制原料与适用于冷水发的大致相同。

（3）热水发

热水发是指将干制原料放在 60 ℃以上的水中进行涨发的过程。用热水发先要用冷水预发，再用热水涨发。此法主要适用于组织细密、蛋白质丰富、体形大的干制原料。热水发可进一步分为泡发、煮发、焖发、蒸发四种。

1）泡发。泡发是指将干制原料置于容器中，直接冲入沸水，使其涨发的过程。有时容器需加盖保温。该方法适合于冬季涨发一般用冷水和温水发的干制原料。

2）煮发。煮发是指将干制原料置于水中后加热煮沸，使干制原料回软的涨发方法。该方法适合体大质硬干制原料的涨发，如海参等。煮发时间因干制原料性质而异，有的需反复煮发，有的需保持微沸的状态煮发。

3）焖发。焖发是煮发的后续过程，是指煮沸后加盖离火，静置。焖发常需反复多次，适合一些经长时间煮沸外烂内不透原料的涨发。

4）蒸发。蒸发是指将干制原料洗净放入容器内，加入少量水或鸡汤（增鲜）、黄酒（去腥增香）等，置于笼屉中用蒸汽加热涨发的过程。蒸发避免了原料与大量的水直接接触，有利于保持原料的本味和外形的完整，同时可使原料增添风味，去除异味。

不论采用何种涨发方法，都需对干制原料进行适当的整理，如海参去内脏、鱼翅去沙等。在涨发过程中要勤观察、换水，并用冷水发作为最后一道工序，这样可以除去残存的异味，使干制原料经复水后保持大量水分，最终达到膨润、光滑、饱满的最佳水发效果。

二、干制植物性原料的品质鉴别和水发技术要求

1. 食用菌类原料的品质鉴别

中国已知的食用菌有 350 多种，常见的食用菌有香菇、金针菇、草菇、蘑菇、木耳、银耳、猴头菇、竹荪、松口蘑（松茸）、口蘑、红菇、灵芝、松露、白灵菇、牛肝菌、羊肚菌等，其干制品品种亦非常丰富，一般从形态、香气、涨发率、是否霉变等方面鉴别其品质好坏。

（1）香菇

香菇多以干品应市，按外形和质量可分为花菇、厚菇、薄菇和菇丁四种，其中花菇质量最优；按生长季节可分为香菇、秋菇、冬菇三类。其品质以味香浓、肉厚实、大小均匀、菌褶细密、柄短粗壮、面带白霜者为佳。

（2）金针菇

金针菇主要分布于亚洲、欧洲和北美洲。我国金针菇主要产于河北、山西、内蒙古、黑龙江、吉林、江苏、浙江等地。

金针菇按其颜色可分为白色、黄色两种，白色金针菇质量较好。其品质以色泽明亮，菌体粗细均匀，菌盖紧密，质地脆嫩，菌柄不老，无泥沙、杂质、霉变者为佳。

2. 干菜类原料的品质鉴别

干菜类原料一般由新鲜植物性原料中的根茎类、叶菜类、花菜类原料干制而成。根据加工方法不同，一般分为直接干制制品和腌制干制制品。

（1）玉兰片

玉兰片是以鲜嫩的冬笋或春笋为原料，经加工干制而成的制品。玉兰片呈玉白色，片形短，中间宽，两端尖，因形状和色泽很像玉兰花的花瓣而得名。我国制作食用玉兰片的历史悠久，玉兰片主产于长江流域及华南、西南等地。玉兰片按采收时间的不同，大致可分为尖片（立春前）、冬片（农历十一月至翌年惊蛰）、桃片（春分前后）和春片（清明前后）四种，以尖片为上品。

玉兰片的品质以玉白或奶白色，片身短，笋肉厚，笋节紧密，笋面光洁，质嫩无老根，无焦斑、霉蛀者为佳。

（2）霉干菜

霉干菜又称干菜、梅菜、梅干菜，是用雪里蕻或茎用芥菜腌制的干菜，主产于我国浙江绍兴、慈溪、余姚、萧山、桐乡等地和广东惠阳一带。其品质以色泽黄亮，咸淡适度，质嫩味鲜，香气正常，干燥，无杂质、硬梗者为佳。

3. 干制植物性原料的水发技术要求

（1）把握水发的时间

无论使用哪种水发方式，只要原料已经发透即可停止水发。如果原料已经水发好还浸泡在水里，可能会导致原料腐败变质。

（2）把握水发的温度

根据环境温度或者原料实际情况，可以选择冷水发还是热水发。对于体积较小的原料，或者有充足的发制时间，一般选择冷水发；对于体积较大或者着急使用的干制原料，一般可以用热水发，以缩短水发的时间。

（3）注意水发原料的体积

干制原料品种繁多，而同一品种的形态、体积也有差异。同一批水发的原料尽量选择体积、形态相近的，才能确保原料水发的进度一致，避免出现相同时间内有些原料已经发透而有些原料还没发好的现象。

（4）水发原料的合理保存

水发好的植物性原料应及时更换清水，清洗干净后再用保鲜盒装好，冷藏保存。

技能1　常见食用菌类原料的水发加工

一、水发黑木耳实例

1.挑选形状整齐、大小一致的黑木耳放入碗中，加入清水（冬季可用温水）没过木耳，开始水发。

2.浸泡3～4 h，使木耳恢复到半透明状即为发好。这样泡发的木耳，不但体积增加，而且质量较好。

3.不建议用热水泡发黑木耳，因为用热水泡发虽然泡发速度快，但是影响木耳涨发的体积和质量。

干黑木耳如图1-62所示，水发黑木耳如图1-63所示。

图1-62　干黑木耳

图1-63　水发黑木耳

二、水发干香菇实例

1.将香菇先用温水浸泡，水量以能够没过香菇为宜。

2.待香菇回软后，逐一仔细剪去菇柄。

3.将剪去菇柄的香菇用清水洗净，浸泡在清水中备用即可。

注意：浸泡香菇的水尽量不要废弃，因其有很浓的香味，经沉淀或过滤后可用于菜肴的调味。干香菇如图 1-64 所示，剪除菇柄如图 1-65 所示，水发香菇如图 1-66 所示。

图 1-64　干香菇

图 1-65　剪除菇柄

三、水发干猴头菇实例

1. 将猴头菇用常温清水浸发 2 h 使之回软。

2. 将回软的猴头菇捞出，放入 100 ℃清水中泡发（亦可用 1% 热碱水溶液泡发）约 3 h，直至其柔软涨发。

3. 将涨发好的猴头菇逐一除去外层杂质，切去老根洗净。

图 1-66　水发香菇

4. 将处理干净的猴头菇上笼，加高汤、姜、葱、酒蒸发约 2 h。

5. 将蒸发好的猴头菇继续浸渍在原汤中待用即可。

干猴头菇如图 1-67 所示，水发猴头菇如图 1-68 所示。

图 1-67　干猴头菇

图 1-68　水发猴头菇

技能 2　常见干菜类原料的水发加工

一、冷水发干金针菜实例

1. 将干金针菜先用冷水浸泡 30 min，水量以没过原料为宜。

2. 浸泡回软后，用剪刀剪去顶端的花蒂，换清水浸泡 2 h。

3. 将浸泡好的金针菜继续浸在清水中，浸泡出的汤汁可以食用。

金针菜不宜用热水泡发，否则拌炒时容易软烂不成形，用冷水泡发的金针菜炒制后爽脆可口。干金针菜如图 1-69 所示，水发金针菜如图 1-70 所示。

图 1-69　干金针菜　　　　　　　　　图 1-70　水发金针菜

二、热水发玉兰片实例

1. 先在容器中倒入开水，将玉兰片放入浸泡，并盖紧容器盖子。

2. 10 h 后，将玉兰片倒入锅中烧煮，水沸后用文火再煮 10 min 左右捞出。

3. 将玉兰片投入清水中浸泡 10 h，每 3 h 换一次水。

浸泡过后，用刀将玉兰片横向切开，若没有"白茬"，说明已经发透，否则继续浸泡。

三、热水发干莲子实例

1. 用开水将碱冲开（500 g 莲子加 13 g 碱），将莲子放入。

2. 用硬草刷在水中搅搓冲刷，2～3 min 换 1 次水，刷 3～4 遍，待莲子皮全部脱落，呈乳白色后，捞出用清水洗净，控干水分。

3. 削掉两端莲脐，再用竹签捅出莲心，上屉蒸软烂即可使用。

干莲子如图 1-71 所示，热水发莲子如图 1-72 所示。

图 1-71　干莲子

图 1-72　热水发莲子

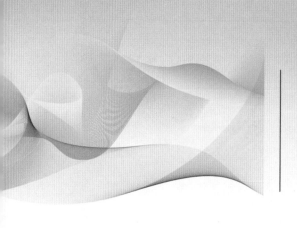

培训模块 二
原料分档与切配

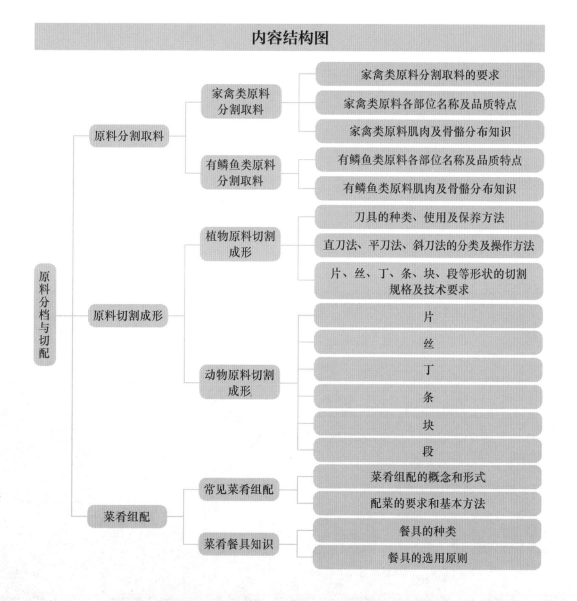

内容结构图

原料分档与切配
- 原料分割取料
  - 家禽类原料分割取料
    - 家禽类原料分割取料的要求
    - 家禽类原料各部位名称及品质特点
    - 家禽类原料肌肉及骨骼分布知识
  - 有鳞鱼类原料分割取料
    - 有鳞鱼类原料各部位名称及品质特点
    - 有鳞鱼类原料肌肉及骨骼分布知识
- 原料切割成形
  - 植物原料切割成形
    - 刀具的种类、使用及保养方法
    - 直刀法、平刀法、斜刀法的分类及操作方法
    - 片、丝、丁、条、块、段等形状的切割规格及技术要求
  - 动物原料切割成形
    - 片
    - 丝
    - 丁
    - 条
    - 块
    - 段
- 菜肴组配
  - 常见菜肴组配
    - 菜肴组配的概念和形式
    - 配菜的要求和基本方法
  - 菜肴餐具知识
    - 餐具的种类
    - 餐具的选用原则

培训项目 1

原料分割取料

培训单元 1　家禽类原料分割取料

培训重点

掌握鸡、鸭等家禽类原料分割取料的要求，能熟练进行分割取料。

知识要求

分割取料是指对经过宰杀等加工的整只家禽类原料，根据其肌肉、骨骼等组织的不同部位及不同质量，采用不同刀法进行分割，并按照烹制菜肴的要求有选择地进行取料的工作。分割取料是一项技术性较强的工作。若部位分不准，取料就会产生困难，从而影响切配加工，并直接关系到菜肴的质量。

一、家禽类原料分割取料的要求

1. 熟悉家禽类原料肌肉组织的结构及分布，把握整料的肌肉部位，准确下刀

这一要求是分割取料的关键。品质特点不同的肌肉之间往往有一层隔膜，分割取料时若从隔膜处下刀，就能把肌肉之间的界线分清，不损伤原料，保证所取原料的完整性及质量。

2. 掌握分割取料的先后顺序

分割取料时必须从外向里循序进行，否则会破坏肌肉组织，影响取料质量。

3. 刀刃要紧贴骨骼操作

分割取料时，刀刃要紧贴着骨骼徐徐而进，运刀须十分小心谨慎。出骨时，骨要干净。要做到骨不带肉，肉不带骨，骨肉分离。应避免损伤肌肉，造成原料浪费。

4. 重复刀口要一致

分割取料时，常会出现刀离开原料的情况。再次进刀时，一定要与上次的刀口一致，否则会出现刀痕混乱、刀口众多的情况，从而使碎肉渣增多、骨上带肉，影响出肉率。

二、家禽类原料各部位名称及品质特点

鸡、鸭、鹅等家禽的骨骼构造和各部位的分布基本相同。现以鸡为例介绍家禽的分档取料。

鸡可分成鸡头、鸡颈、鸡脊背、鸡翅、鸡胸脯和里脊、鸡腿、鸡爪七个部分，如图 2-1 所示。

1. 鸡头

鸡头是鸡的下脚料，其骨多、肉少，胶原蛋白含量丰富，一般用于制汤、煮、酱等。

2. 鸡颈

鸡颈皮下脂肪丰富，有淋巴（应去净），皮韧而脆，肉少而细嫩，可用于制汤、煮、卤、酱、烧等。

3. 鸡脊背

鸡脊背两侧各有一块肉，俗称栗子肉。这两块肉老嫩适中，无筋，常用于爆、炒等。

4. 鸡翅

鸡翅又称凤翼，在广式菜肴中常用。其肉少而皮多，质地鲜嫩。鸡翅可带骨煮、炖、焖、烧、炸、酱等，如"冬菇鸡翅汤""清炸凤翼"等菜肴；也可抽去骨，烹制如"荔枝鸡球""银针穿凤衣"等菜肴。

5. 鸡胸脯和里脊

鸡胸脯去骨后是鸡全身最厚、最大的一块整肉，肉质较嫩，筋膜少，可加工成丝、丁、片、茸等形状，适合炸、熘等烹调方法，用途较广。鸡里脊又称鸡柳，与鸡胸脯相连，去掉暗筋后是鸡全身最细嫩的一块肉，用途与鸡胸脯基本

相同。

6. 鸡腿

鸡腿骨粗、肉厚、筋多、质老，适合烧、扒、炸、煮等烹调方法。

7. 鸡爪

鸡爪又称凤爪，其皮厚筋多，胶原蛋白含量丰富，皮质脆嫩。鸡爪可带骨用于制汤、酱、卤、烧；也可煮后拆去骨头拌食，别具风味，如"椒麻鸡爪"。

图 2-1　鸡的不同部位

1—鸡头　2—鸡颈　3—鸡脊背　4—鸡翅　5—鸡胸脯和里脊　6—鸡腿　7—鸡爪

三、家禽类原料肌肉及骨骼分布知识

1. 家禽类原料的肌肉结构

（1）肌肉分布

家禽的胸肌最发达，其重量可占全身肌肉的一半左右，主要位于胸骨部位，结缔组织较少。家禽的后肢股部和腿部的肌肉多且发达，结缔组织较多。

（2）肌纤维

禽类肌纤维的结构和功能根据其代谢方式的不同，可分为红肌纤维和白肌纤维。

红肌纤维直径较小，单位面积的数量较多，肌红蛋白含量丰富，代谢和储存脂肪的能力较强，含有较多脂类物质，主要以氧化形式供能。

白肌纤维直径较大，单位面积的数量较少，含糖原较多，主要以糖原酵解形式供能。伴随禽类生长速度的提高，白肌纤维的数量增多。

肌纤维直径和肌纤维密度与肉品嫩度及风味有很重要的关系：肌纤维越细，密度越大，肉质就越细嫩，风味越好。含红肌纤维较多的肌肉一般质地细嫩多汁，肉鲜亮。另外，肌肉风味与肌间脂肪面积呈正相关，肌间脂肪含量高的肉更加味美多汁。红肌纤维的肌小节较白肌纤维的肌小节要长，红肌纤维含量较高的肌肉有较长的肌小节，而肌小节长度与肉质嫩度呈正相关。

肉用禽比蛋用禽生长速度快，产肉力高，白肌纤维的数量多。放养的禽与圈养的禽相比，前者红肌纤维的数量比后者多，其肌纤维的直径也比后者小。另外，同一个体不同部位的肌纤维分布也不同，如胸肌仅由白肌纤维构成，故没有动物肌肉常见的鲜红色。

2. 家禽类原料的骨骼结构

幼禽几乎所有骨腔内都含有骨髓，成年后，禽类除翼部和后肢的一部分骨骼外，骨髓大都被与外界相通的气腔所代替。因此，家禽大部分骨骼为含气骨，具有既坚固又质轻的特点。

技能要求

技能　光鸡的分割取料

鸡的分割取料，即将鸡肉分部位取下的过程。不同的烹调方法结合所取用原料的不同部位，可以达到突出烹调特点的效果。

一、工艺流程

取鸡腿→取鸡翅→取鸡脯肉→整理。

二、操作步骤

1. 取鸡腿

左手握住鸡的右腿，使鸡腹向上，鸡头朝外。右手持刀，先将左腿与腹部相连接的皮切开，切至大腿骨的接合处，将腿的刀口向背部反折，使腿骨脱臼，然后用刀割断脱臼处的筋，再用刀后根压住鸡身，左手用力扯下鸡腿，腹背上的一层肉也随鸡腿被拽下。用相同方法取下另一只鸡腿。取鸡腿如图2-2、图2-3所示。

2. 取鸡翅

使鸡背向上，用刀划开左翅根部，并切断筋，用刀后根压住鸡身，拽下鸡翅，如图2-4所示。用相同方法取下另一只鸡翅。

图2-2　取鸡腿（一）

图2-3　取鸡腿（二）

3. 取鸡脯肉

将鸡的两块鸡脯肉从腹部取下，再将与鸡脯肉相连的鸡里脊肉取下，去除鸡里脊肉中的筋。取鸡脯肉如图2-5所示。

图2-4　取鸡翅

图2-5　取鸡脯肉

4. 整理

将分割的鸡头、鸡腿、鸡翅、鸡脯肉等清洗干净，整齐地放在盘中，如图2-6所示。

三、注意事项

1. 进行分割取料时，要剔除所有不能食用的部分，包括嗉囊、气管等。

2. 分割后要分类摆放，妥善保管。

图2-6　整理

3. 在分割取料的过程中要做到物尽其用，避免浪费。

培训单元 2　有鳞鱼类原料分割取料

掌握有鳞鱼类原料的分割取料方法，能熟练对青鱼、草鱼、鲫鱼等常见有鳞鱼类进行分割取料。

一、有鳞鱼类原料各部位名称及品质特点

有鳞鱼的分割与剔骨加工对展现鱼各部位的特点，提高食用效果和经济效果具有积极意义。有鳞鱼的分割取料通常以脊背部的肌肉为主。

现以草鱼为例介绍鱼的分档以及各部位的性能、用途，如图 2-7 所示。

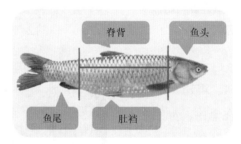

图 2-7　鱼的不同部位

1. 鱼头

分割鱼头时应以胸鳍为界线将其直线割下，鱼头骨多肉少、肉质滑嫩，皮层含丰富的胶原蛋白，适合红烧、煮汤等。

2. 鱼尾

鱼尾俗称"划水"，分割时可以臀鳍为界线直线割下。鱼尾皮厚筋多、肉质肥美，尾鳍含丰富的胶原蛋白。其适合红烧，如红烧划水，也可与鱼头一起做菜。

3. 中段

（1）脊背

鱼脊背的特点是骨粗（有一根椎骨，又称龙骨）肉多，肉的质地适中，可加工成丝、丁、条、块、茸等形状，适用于炸、熘、爆、炒等烹调方法，是一条鱼中用途最广的部分。

（2）肚裆

肚裆是鱼中段靠近腹部的部分，该部分皮厚肉少，脂肪含量丰富，肉质肥美，适用于烧、蒸等烹调方法，如红烧肚裆、干烧鱼块等。

二、有鳞鱼类原料肌肉及骨骼分布知识

要正确分割与剔骨，提高使用率、出肉率，就必须了解有鳞鱼的肌肉与骨骼结构。

1. 有鳞鱼的肌肉结构

有鳞鱼的肌肉主要是横纹肌，即骨骼肌，可分为白肌和红肌。红肌多分布于经常运动的部位，如胸鳍肌、尾鳍肌和表层肌等。红肌的特点是收缩缓慢，持久性强，耐疲劳。长时间运动而行动缓慢的鱼，红肌较发达，如鲤鱼。白肌则相反，其收缩性强，持久性差，易疲劳。较灵活的鱼类和近距离游鱼类，白肌较多，如白鱼、黑鱼等。有鳞鱼的肌肉较发达的部位主要集中在躯干两侧的脊背部，而腹部肌肉层较薄。

2. 有鳞鱼的骨骼结构

有鳞鱼的骨骼由头骨、脊柱骨、肋骨和鳍组成。

（1）头骨

有鳞鱼头上的骨骼较多，除颅骨较大外，其余骨骼均较小。对鱼头的剔骨目前仅限于较大的鲢鱼头或鳙鱼头的剔骨，其他鱼头通常无剔骨的必要。

（2）脊柱骨

有鳞鱼的脊柱为由许多脊椎前后相连而组成的一根骨柱，从头至尾形成脊索，由躯干椎和尾椎组成。

（3）肋骨

有鳞鱼腹肋基部与脊椎横突相连，游离端插入腹部肌肉中，几乎包围整个腹

腔。由于鱼的品种不同，其肋骨形状各有差异。有些鱼的肋骨是呈对称形的，如鲤鱼、鲫鱼；有些则无明显成对肋骨，如带鱼、鲚鱼；还有些鱼的肋骨较短，使脊柱近似于三角椎体，如鳝鱼、鳗鱼。

（4）鳍

鳍是鱼的游水系统、防御工具和平衡系统，其有奇鳍、偶鳍之分，胸鳍、腹鳍属偶鳍，背鳍、尾鳍、臀鳍属奇鳍，鳍的位置是鱼分割与剔骨时的标志。

技能　梭形鱼类的分割取料

鱼体外形如织梭的鱼类称为梭形鱼类，如大黄鱼、鳜鱼、鲤鱼、青鱼、草鱼等。该种鱼类肉厚刺少，适合加工成丝、丁、条、片、茸、粒等各种形状，可适用炸、熘、爆、炒等烹调方法烹制各种菜肴。梭形鱼类的分割取料方法大致相同，以草鱼为例介绍分割取料的工艺流程。

一、工艺流程

选料（见图2-8）→初加工后取脊背肉（见图2-9、图2-10）→去头→去鱼腹刺（见图2-11）→洗净整理（见图2-12）。

二、操作步骤

1. 草鱼初步加工整理。

2. 将草鱼置于菜墩上，鱼头朝左，鱼尾朝右，鱼腹部向外。

3. 左手拿抹布按住鱼身，右手持刀从鱼尾处下刀，刀面紧贴鱼脊骨，由鱼尾部片至鱼头部，将鱼片成两片，即软边（不带脊骨的一片）和硬边（带脊骨的一片）。

4. 将硬边去头、尾，片去鱼皮（也可不去皮），剔除胸肋骨刺，放入盆中，即成净鱼肉。有时，应根据菜肴要求去除红色肌肉。

三、注意事项

1. 去鳞时不可刮破皮，破腹取内脏时不可碰破鱼胆。

2. 刀面要紧贴鱼脊骨，否则会导致刀面不齐，软、硬边不分。

3.若去鱼皮，要紧贴鱼肉表层去皮。

图2-8　选料

图2-9　取脊背肉（一）

图2-10　取脊背肉（二）

图2-11　去鱼腹刺

图2-12　洗净整理

培训项目 **2**

原料切割成形

培训单元 1　植物原料切割成形

培训重点

1. 掌握刀具的种类、使用及保养方法。
2. 掌握直刀法、平刀法、斜刀法的分类及操作方法。
3. 掌握植物原料片、丝、丁、条、块、段等形状的切割规格及技术要求。

知识要求

一、刀具的种类、使用及保养方法

1.刀具的种类和使用

为了适应不同种类原料的加工要求，必须掌握各类刀具的性能和用途，选择相应的刀具，才能保证原料成形规格和要求。

刀具的种类很多，形状和功能各异。刀具按形状可分为方头刀、圆头刀、马头刀、尖头刀等；刀具按用途可分为批刀、切刀、斩刀、前切后斩刀等。无论是以形状分还是以用途分，就一把刀而言，其形状与用途都是统一的。下面介绍几种常用的刀具。

（1）方头刀

方头刀（见图 2-13）分为大方刀和小方刀两种。

1）大方刀。大方刀呈长方形，其刀身前高后低；刀刃前部平且薄，后部略厚而稍有弧度；刀身上厚下薄，刀背前窄后宽，刀柄满掌。刀前部高度约 12 cm，后部高度约 10 cm；刀身长 20～22 cm；刀背前端厚约 0.3 cm，刀背后端厚约 0.7 cm；重约 800 g。

特点：刀柄短，劈砍惯性大，一刀多能，适用于前批、后剁、中间切。使用方便，省力，具有良好的性能。

2）小方刀。小方刀为大方刀的缩小版，其便于切削，重约 500 g。其特点与大方刀基本相同，仅重量比其轻。

（2）马头刀

马头刀（见图 2-14）刀身略短，刀尖突出，刀板较轻薄，重约 700 g，适于切、削、剜、剔等。

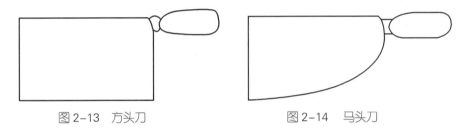

图 2-13　方头刀　　　　　　　　图 2-14　马头刀

（3）圆头刀

圆头刀（见图 2-15）刀头呈弧形，刀腰至刀根较平，刀身略长，略轻薄，重约 750 g，适于切、削、剔等。

（4）尖头刀

尖头刀又称心形刀，其前部尖而薄，后部略厚，重约 1 000 g，专用于剔骨、剁肉和剖鱼。

（5）斧形刀

斧形刀形如斧头，但比斧头宽薄，重 1 000～2 000 g，专用于砍剁大骨。

（6）偏刀

偏刀（见图 2-16）刀板薄，刀刃平直，刀形较方，重量较轻，为 200～500 g。

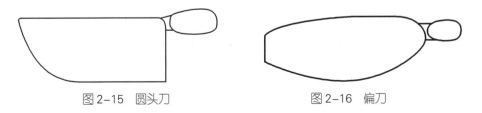

图 2-15　圆头刀　　　　　　　　图 2-16　偏刀

依据用途，偏刀又可分为刀板宽薄、刀刃平直的干丝片刀，刀板窄而刀刃呈弓形的羊肉片刀，刀板窄而刀刃平直的烤鸭片刀等。

除了对刀形及用途的选择外，刀刃的硬度及刀的重量对于选择刀具都有重要的意义。

2. 刀具的保养方法

（1）使用后必须用清洁的抹布擦去刀具上的污物及水分，特别是在加工盐、酸、碱含量较多的原料（如咸菜、榨菜、土豆、山药等）之后更要擦拭干净，否则黏附在刀具表面上的物质容易与刀具发生化学反应，使刀具受到腐蚀，变色生锈。

（2）刀具使用后应放在安全干燥的地方，这样既能防止其生锈，又能避免刀刃损伤或伤人。

（3）刀具磨制后需洗净擦干并妥善保养，以防腐蚀生锈。如长时间不用应涂上植物油并插入刀套，或在刀具的表面涂上一层干淀粉。另外在使用刀具时应针对不同原料选择适合的刀具，不宜硬砍硬剁，以防刀刃出现缺口或损伤。

二、直刀法、平刀法、斜刀法的分类及操作方法

1. 直刀法

直刀法是指刀刃与墩面或原料基本保持垂直运动的刀法，这种刀法按照用力大小的程度，分为切、斩、砍等。

（1）切

切是直刀法中刀的运动幅度最小的刀法，因此一般适用于无骨无冻的原料。由于这类原料的性质各不相同且各地的行刀习惯不同，因此该手法也存在不同的实施方式。

1）直切（又称跳切）。直切一般适用于加工脆性原料，如土豆、黄瓜、萝卜、茭白等。

①操作方法。左手按住原料，右手持刀，用刀刃中前部对准原料被切部位，刀体垂直落下将原料切断。

②操作要领。左右两手配合要协调而有节奏，左手指自然弯曲呈弓形按住原料，随刀的起伏自然向后移动。右手落刀距离以左手向后移动的距离为准，将刀紧贴着左手中指外侧向下切。因此，左手每次向后移动的距离是否相等是决定原料成形后是否整齐划一的关键，左右两手的配合是一种连续而有节奏的运动。另

外要注意下刀垂直，用力均匀，刀刃不能偏斜，否则会使原料形状厚薄不一、粗细不匀。

2）推切。推切适用于加工各种韧性原料，如加工无骨的新鲜猪、羊、牛肉时，通过该方法可将韧性纤维切断。

①操作方法。左手按住原料，用中指第一个关节顶住刀膛；右手持刀，用刀刃的前部对准原料，从右后方向左前方推切下去，直至原料断裂。

②操作要领。左手按住原料使其不能滑动，否则原料成形会不整齐。刀落下的同时立即将刀向前推，一定要把原料一次切断，否则就会连刀。

3）拉切。拉切是与推切相对的一种刀法，与推切的适用范围基本相同，适宜加工各种韧性原料。一般四川、广东地区习惯用推切法，而江浙、京鲁地区习惯用拉切法。

①操作方法。左手按住原料，用中指第一个关节顶住刀膛；右手持刀，用刀刃后部对准原料的被切位置，刀体垂直下切，切入原料后立即从左前方向右后方切下去，直至原料断裂。

②操作要领。与推切基本相同。左手需按住原料，一次切断。

4）锯切。锯切适宜加工松软易碎的原料，如面包、熟肉等；有些质地较硬的原料也可用锯切，如切火腿、切涮羊肉片（因原料未完全解冻，质地较硬）。

①操作方法。锯切是一种把推切与拉切连贯起来的刀法，具体做法是先将刀向前推，再向后拉，如拉锯一般直至原料切断。操作时一般刀刃不离开原料。

②操作要领。落刀要直，不能偏里或偏外，以免原料形状厚薄不一。如原料质地松散，则落刀不能过快，用力也不能过重，以免原料碎裂或变形。

5）铡切。铡切适用于带壳、带细小骨头的原料或形圆、体小、易滚动的原料，如熟蛋、蟹等。

①操作方法。右手握住刀柄，刀刃前端垂下靠着砧墩，刀后部提起，用左手按住被切原料放在刀刃的中部，右手用力压切下去，一次把原料切断。

②操作要领。落刀位置要准，动作要快，刀刃要紧贴原料且不得移动，以保持原料形状整齐、刀口光滑，不使原料内部汁液溢出。

6）摇切。摇切适宜于将形体小、形状圆、容易滑动的原料加工成碎粒，如花生、核桃肉、花椒等。

①操作方法。右手握住刀柄，左手握住刀背前端，将刀刃对准要切的部位，两手交替用力压切下去。操作时刀的一端靠在砧墩上，另一端提起，如左手切下

去，右手提上来，右手切下去，左手提上来，如此反复摇切，直至把原料切碎。

②操作要领。刀上下摇切时，应始终保持一端靠着墩面（因原料小且易移动，如刀全部离开墩面会使原料跳动失散）。刀要四周运动，并将原料向中间聚拢，用力要均匀，以保持原料形状整齐，大小一致。

7）滚切（又称滚料切）。滚切主要用于把圆形、圆柱形、圆锥形原料加工成"滚料块"（习惯称为"滚刀块"）。

①操作方法。右手握住刀柄，左手按住原料，每切一刀，将原料滚动一次。

②操作要领。左手滚动原料的斜度要适中，右手紧跟原料的滚动以一定角度切下去。加工同一种块形时，刀的角度应基本保持一致，才能使加工后的原料形状整齐一致。

（2）斩（又称剁）

斩是刀与墩面或原料基本保持垂直运动的刀法，但是用力及幅度比切大。斩一般可分为排斩和直斩。

1）排斩。排斩是将无骨的原料制成泥茸的一种刀法。为了提高工作效率，通常用两把刀同时操作，也可用单刀操作。

①操作方法。左右手各持一把刀，两刀之间隔一定距离，两刀一上一下，从左到右，再从右到左，反复排斩，斩到一定程度时要翻动原料，直至将原料斩成细而均匀的泥茸状。

②操作要领。左右两手握刀要灵活，要运用手的力量；刀的起落要有节奏，两刀不能互相碰撞；要勤翻原料，使其均匀细腻；如有粘刀现象，可将刀放在水里浸一浸再斩。

2）直斩（又称直剁）。直斩适用于较硬或带骨的原料，如猪大排、鸡、鸭及略带冰冻的肉类等。

①操作方法。左手按住原料，右手将刀对准要斩的部位，垂直用力斩下去。

②操作要领。直斩必须准而有力，一刀斩到底，才能使斩切后的原料整齐美观。如果一刀斩不断再重复斩，就很难对准初次斩的刀口，会把原料斩得支离破碎，直接影响菜肴质量。

（3）砍（又称劈）

砍是直刀法中用力及动作幅度最大的一种刀法，一般用于加工质地坚硬或带大骨的原料。砍有直砍、跟刀砍等方法。

1）直砍。直砍一般适用于带大骨、硬骨的动物性原料或质地坚硬的冰冻原料，如带骨的猪、牛、羊肉，冰冻的肉类、鱼类等。

①操作方法。将刀对准原料要砍的部位，用力向下砍，将原料砍断。

②操作要领。用力要稳、狠、准，力求一刀砍断原料，以免原料破碎。原料要放平稳，左手扶料应离落刀点远些。如果原料较小，落刀时左手应迅速离开，以防砍伤自己。

2）跟刀砍。跟刀砍适用于质地坚硬、骨大形圆或一次砍不断的原料，如猪头、猪爪、大鱼头等。

①操作方法。左手扶住原料，右手将刀刃对准要砍的部位先直砍一刀，让刀刃嵌进原料，然后左手扶住原料，随右手上下起落直到砍断原料。

②操作要领。刀刃一定要嵌进原料，左右两手起落的速度应保持一致，以保证用力砍时原料不脱落，否则容易砍空或伤手。

2. 平刀法

平刀法是刀面与墩面或原料基本接近平行运动的一种刀法。平刀法有平刀批、推刀批、拉刀批、抖刀批、锯刀批、滚料批等，一般适用于将无骨原料加工成片状。其操作的基本方法是将刀平着向原料批进去而不是从上向下地切入。

（1）平刀批（又称平刀片）

平刀批适用于将无骨的软性原料，如豆腐、鸡鸭血、肉皮冻、豆腐干等批成片状。

1）操作方法。左手轻轻按住原料，右手持刀，将刀身放平，使刀面与墩面接近平行，刀刃从原料的右侧批进，全刀着力，向左作平行运动，直到批断原料为止。从原料的底部、靠近墩面的部位开始批，是下批法；从原料的上端一层层往下批，是上批法。

2）操作要领。如从底部批进，刀的前端要紧贴墩面，刀的后端略微提高，以控制成形的厚薄；如从上部批进，应左手扶稳原料，刀身切忌忽高忽低。批刀时，刀身要端平，刀刃批进原料时不得向前或向后移动，以防止原料碎裂。

（2）推刀批（又称推刀片）

推刀批适用于将脆性原料，如榨菜、土豆、冬笋、生姜等批成片状。

1）操作方法。推刀批一般用上批法，左手扶住原料，右手持刀，将刀身放平，刀刃从原料右侧批进后立即向左前方推，直至批断原料。

2）操作要领。刀刃批进原料后运行要快，要一批到底，以保证原料平整。按住原料的左手的食指与中指应分开一些，以便观察原料的厚薄是否符合要求。

（3）拉刀批（又称拉刀片）

拉刀批适用于将无骨韧性原料批成片状，如猪肉、鸡胸脯肉、鱼肉、猪膘等。

1）操作方法。拉刀批一般用下批法，以左手掌或手指按稳原料，右手放平刀身，刀刃与墩面保持一定的距离（以原料成形后的厚薄为准），刀刃批进原料后立即向后拉，直至将原料批断。

2）操作要领。原料横截面的宽度应小于刀面的宽度，否则就无法一次批断；如重复进刀，会使批下的片形表面产生锯齿状。另外，刀刃与墩面的距离应保持不变，否则会使原料的成形厚薄不均。

（4）抖刀批（又称抖刀片）

抖刀批用于将质地较软的无骨原料或脆性原料，如蛋白糕、蛋黄糕、黄瓜、猪腰、豆腐干等加工成波浪片或锯齿片。

1）操作方法。左手手指分开按住原料，右手握刀从原料右侧批进，将刀刃上下均匀抖动，使切片呈波浪形，直至批断原料。

2）操作要领。刀刃批进原料后，上下抖动的幅度要一致，不可忽高忽低；随刀刃抖动刀距也要保持一致，以保证原料成形美观。

（5）锯刀批（又称锯刀片）

锯刀批适用于加工无骨、大块、韧性较强的原料或动物性硬性原料，如大块腿肉、火腿等。

1）操作方法。锯刀批是一种将推刀批与拉刀批连贯起来的刀法。左手按住原料，右手持刀将刀刃批进原料后，先向左前方推，再向右后方拉，一前一后来回如拉锯，直至批断原料。

2）操作要领。左手将原料按稳按实，运刀要有力，动作要连贯、协调，否则来回锯时原料滑动易伤人，且达不到质量要求。

（6）滚料批（又称滚料片）

滚料批可以把圆形、圆柱形原料，如黄瓜、红肠、丝瓜等加工成长方片。

1）操作方法。左手按住原料表面，右手放平刀身，刀刃从原料右侧底部批入，做平行移动，左手扶住原料向左滚动，边批边滚，直至批成薄的长条片。

2）操作要领。两手配合要协调，右手握刀推进的速度与左手滚动原料的速度应一致，否则就会中途批断原料，甚至伤及手指。刀身要放平，与墩面距离应保持不变，否则成形会厚薄不均。

3. 斜刀法

斜刀法是刀与墩面或原料成小于90°角运动的一种刀法，主要用于将原料加工成片的形状。根据刀的运动方向，斜刀法一般可分为正刀批和反刀批两种。

（1）正刀批（又称正刀片）

正刀批一般适用于将软性、韧性原料加工成片状。由于正刀批是刀倾斜批入原料的，加工出片的面积比直刀切的横截面积要大一些，因此对厚度较小、成形片的面积大的原料尤为适用。如加工青鱼片时，鱼肉的厚度若达不到成形规格，就可用正刀批的方法。

1）操作方法。左手手指按住原料左端，右手将刀身倾斜，刀刃向左批进原料后，立即向左下方运动，直到原料断开。每批下一片原料，左手指要立即将片移去，再按住原料左端待第二刀批入。

2）操作要领。两手的配合要协调，不得随意改变刀的倾斜度和进刀距离，以保持片形大小一致、厚薄均匀。刀的倾斜度也应根据原料的大小、厚薄与成形规格而定。

（2）反刀批（又称反刀片）

反刀批适用于加工脆性原料，如黄瓜、白菜梗等。

1）操作方法。左手按住原料，右手持刀，刀身倾斜，刀背向里，刀刃向外，刀刃批进原料后由里向外运动。

2）操作要领。刀要紧贴左手中指的第一关节批进原料，每批一刀就要将左手向后退一次，每次向后移动的距离要基本一致，以保持片的形状和大小、厚薄一致。

三、片、丝、丁、条、块、段等形状的切割规格及技术要求

植物原料切割是指运用各种不同的刀法，将植物性原料加工成各种形状，从而达到料形美观、易于烹调和食用的要求。

1. 片

片一般运用切或批的刀法加工而成。制片时，蔬菜类、瓜果类原料一般采用直切的方法，韧性原料一般采用推切、拉切的方法，质地坚硬或松软易碎的原料可采用锯切的方法，薄而扁平的原料则应采用批的方法等。总之，必须根据原料的性质使用相应刀法切片。

（1）切割规格

片的形状有很多，常见的有长方片、柳叶片、菱形片、月牙片、指甲片等。长方片规格有四种：大厚片长 5 cm，宽 3.5 cm，厚 0.3 cm；大薄片长 5 cm，宽 3.5 cm，厚 0.1 cm；小厚片长 4 cm，宽 2.5 cm，厚 0.2 cm；小薄片长 4 cm，宽 2.5 cm，厚 0.1 cm。柳叶片长 5 ~ 6 cm，厚 0.1 ~ 0.2 cm，为薄而狭长的半圆片，状如柳叶。月牙片呈半圆形，厚 0.1 ~ 0.2 cm。菱形片（又称象眼片），厚 0.1 ~ 0.3 cm。指甲片片形较小，一端圆，一端方，形如指甲，所以称指甲片。

（2）技术要求

片的切面光滑，片形均匀，厚薄一致。

2. 丝

丝加工技术难度较高，一般是将加工成片状的原料改刀加工而制成的。

（1）切割规格

植物原料一般可改刀成为长 6 cm、粗细（宽厚）0.2 cm，或长 5 cm（或原料的长度）、粗细（宽厚）0.1 cm 的丝。

（2）技术要求

丝形粗细均匀，长短一致，不连刀、无碎粒。

3. 丁

丁的形状一般近似于正方体，其成形方法是先将原料批或切成厚片（韧性原料可拍松后排斩），再由厚片改刀成条，最后由条加工成丁。

（1）切割规格

正方丁有大、中、小三种：大丁为边长 1.5 cm 的正方体，中丁为边长 1.2 cm 的正方体，小丁为边长 0.8 cm 的正方体。

（2）技术要求

丁的切面光滑，形状、规格一致。

4. 条

条的成形方法一般是将原料先批或切成厚片，再改刀成条。因此，条的粗细取决于片的厚薄，条的断面应呈正方形。按粗细、长短，条一般可分为大指条、小指条、筷梗条等。

（1）切割规格

大指条长 4 ~ 6 cm，宽和高为 1.2 cm，如拇指粗。小指条长 4 ~ 6 cm，宽和高为 1 cm，如小指粗。筷梗条长 4 ~ 6 cm，宽和高为 0.5 cm，如筷子粗。

（2）技术要求

条的切面光滑，形状、规格一致。

5. 块

块一般采用直刀法加工而成。在加工时，如原料自身体积较小，可根据其自然的形态直接加工成块；如原料体积较大，则应根据所需规格先将其加工成段或条，再改刀成块。

（1）切割规格

块的种类很多，常见的有方块（正方块）、长方块、菱形块、劈柴块、滚料块等。方块中的大块边长 4 cm，小块边长 2.5 cm。长方块大块长 5 cm，宽 3.5 cm，高 1～1.5 cm；小块（又称骨牌块）长 3.5 cm，宽 2 cm，高 0.8 cm。菱形块形状如几何图形中的菱形，因与象眼相似，所以又名象眼块。菱形块大块边长为 4 cm，高为 1.5 cm；小块边长为 2.5 cm，高为 1 cm。劈柴块块形长短、厚薄、大小不规则，因像烧火用的劈柴而得名。滚料块采用滚料切的方法，每切一刀将原料滚动一次。滚动幅度大，块形即大；滚动幅度小，块形即小。

（2）技术要求

块的切面光滑，形状、规格一致。

6. 段

段是指将柱形原料横截成小节，如葱段、豆角段、韭黄段等。

（1）切割规格

段一般保持原料原本的断面形状，段的长度规格一般为 3.5 cm、4.5 cm、5.5 cm。

（2）技术要求

段的切面光滑，形状、规格一致。

技能 1　片的加工成形——胡萝卜菱形片

一、加工步骤

选料（见图 2-17）→洗净→去皮（见图 2-18）→修形（见图 2-19）→切片

（见图 2-20）→成形（见图 2-21）。

二、加工方法

将胡萝卜清洗干净，用直刀法将其修成菱形块，然后切成厚 0.1 ~ 0.3 cm 的菱形片，将原料切完即可，将切好的菱形片盛入盘中。

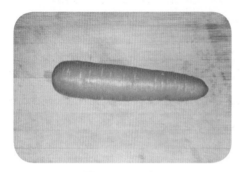

图 2-17 选料

图 2-18 去皮

图 2-19 修形

图 2-20 切片

图 2-21 成形

技能 2　丝的加工成形——生姜细丝

一、加工步骤

选料（见图 2-22）→去皮（见图 2-23）→洗净→批片（见图 2-24）→切丝（见图 2-25）→漂水（见图 2-26）→成形。

二、加工方法

将生姜去皮后清洗干净，用平刀法将其批成 0.1 cm 厚的片，将片叠成瓦楞形，再直刀切成 0.1 cm 粗细的丝，重复此法将原料切完即可，将切好的姜丝在水中漂洗后盛入碗中。

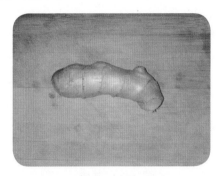

图 2-22　选料

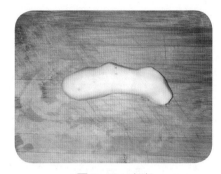

图 2-23　去皮

图 2-24　批片

图 2-25　切丝

图 2-26　漂水

技能 3　丁的加工成形——土豆丁

一、加工步骤

选料（见图 2-27）→去皮（见图 2-28）→洗净→切片（见图 2-29）→切条（见图 2-30）→切丁（见图 2-31）→成形（见图 2-32）。

二、加工方法

将土豆去皮后清洗干净，用直刀法将其切成 0.8～1.2 cm 厚的片，再直刀切成 0.8～1.2 cm 粗细的条，最后切成边长 0.8～1.2 cm 的丁，重复此法将原料切完即可，将切好的土豆丁盛入盘中。

图 2-27　选料　　　　　　　　　　图 2-28　去皮

图 2-29　切片　　　　　　　　　　图 2-30　切条

图 2-31　切丁　　　　　　　　　　图 2-32　成形

技能 4　条的加工成形——莴苣条

一、加工步骤

选料（见图 2-33）→去皮（见图 2-34）→洗净→切片（见图 2-35）→切条（见图 2-36）→成形（见图 2-37）。

二、加工方法

将莴苣削皮后清洗干净，用直刀法将其切成 0.5 ~ 1 cm 厚的片，将片堆叠好，再直刀切成 0.5 ~ 1 cm 粗细的条，重复此法将原料切完即可，将切好的莴苣条盛入盘中。

图 2-33　选料

图 2-34　去皮

图 2-35　切片

图 2-36　切条

图 2-37　成形

技能 5　块的加工成形——胡萝卜滚料块

一、加工步骤

选料（见图 2-38）→去皮（见图 2-39）→洗净→切块（见图 2-40）→成形（见图 2-41）。

二、加工方法

将胡萝卜去皮后清洗干净，用滚切法将胡萝卜切成符合一定规格的块状，重复此法将原料切完即可，将切好的胡萝卜块盛入盘中。

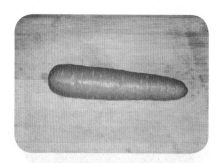

图 2-38　选料

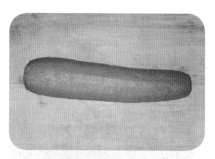

图 2-39　去皮

图 2-40　切块

图 2-41　成形

技能 6　段的加工成形——葱段

一、加工步骤

选料（见图 2-42）→洗净→切段（见图 2-43）→成形（见图 2-44）。

二、加工方法

将葱去皮后清洗干净，去头尾，用直刀法将葱切成 3.5 cm 长的段，重复此法将原料切完即可，将切好的葱段盛入盘中。

图 2-42　选料

图 2-43　切段

图 2-44　成形

培训单元 2　动物原料切割成形

掌握动物原料片、丝、丁、条、块、段等形状的切割规格及技术要求。

动物原料切割是指运用不同的刀法将动物原料加工成各种形状，使动物原料易于烹调和食用的工艺流程。

一、片

片是运用直刀法的切或平刀法、斜刀法的批加工而成的。有的原料较大、较厚，可直接片；有的原料较厚，可先加工成条、块或其他适当的形状，再切成片；较窄、较薄的原料，要采用斜刀法加工成片。

1. 切割规格

长方片长约 5 cm，宽约 2.5 cm，厚约 0.2 cm；牛舌片长约 10 cm，宽约 3 cm，厚约 0.15 cm；菱形片长对角线长约 5 cm，短对角线长约 2.5 cm，厚约 0.2 cm；麦穗片长约 10 cm，宽约 2 cm，厚约 0.2 cm；连刀片长约 10 cm，宽约 4 cm，厚约 0.3 cm；灯影片长约 10 cm，宽约 4 cm，厚约 0.1 cm。

2. 技术要求

料形规格一致，厚薄均匀。

二、丝

丝是运用切、批的刀法加工而成的。

1. 切割规格

动物原料丝的成形规格有两种：一种长 6 cm，粗细（宽厚）0.4 cm，形如黄豆芽，一般适用于对鱼等原料的加工；另一种长 6 cm，粗细（宽厚）0.3 cm，形如绿豆芽，一般适用于对鸡、里脊肉等原料的加工。

2. 技术要求

形状、规格一致，无大小头，无连刀。

三、丁

丁是运用切、批等刀法加工而成的，做法是将原料加工成大片，再切成条，最后切成正方体的形状。

1. 切割规格

丁的大小取决于条的粗细与片的厚薄。大丁边长约 1.5 cm，小丁边长约 1.2 cm。

2. 技术要求

料形规格一致，无大小头，无连刀。

四、条

条比丝粗，它的成形方法是运用切、批的刀法将原料切、批成大厚片，然后再切成条。根据其粗细和长短可分为大一字条、小一字条、筷子条、象牙条等。

1. 切割规格

大一字条长约 5 cm，断面尺寸 1.2 cm × 1.2 cm；小一字条长约 4 cm，断面尺寸 0.8 cm × 0.8 cm；筷子条长约 6 cm，断面尺寸 0.6 cm × 0.6 cm；象牙条长约 5 cm，断面尺寸 1 cm × 1 cm。

2. 技术要求

切面光滑，形状、规格一致，无大小头。

五、块

块为正方体、长方体和其他多种几何形状，是运用切、剁、砍等刀法加工而成的。对于大块原料，需要先改成条形，再改成块。

1. 切割规格

菱形块长轴长约 4 cm，短轴长约 2.5 cm，厚约 2 cm；长方块长约 4 cm，宽约 2.5 cm，厚约 1 cm；滚料块为长 4 cm 的多面体。

2. 技术要求

切面光滑，形状、规格一致。

六、段

段比条粗，运用切、剁、砍等刀法加工而成。

1. 切割规格

粗段直径约 1 cm，长约 3.5 cm；细段直径约 0.8 cm，长约 2.5 cm。

2. 技术要求

成形原料刀口整齐，长短一致。

技能要求

技能 1　片的加工成形——鱼片

一、加工步骤

选料（见图 2-45）→分档取料（见图 2-46）→洗净→改块→批片（见

图 2-47）→成形（见图 2-48）。

二、加工方法

将鱼分档取肉，清洗后改成 4 cm 长、2.5 cm 宽的块，用正刀批将鱼肉块批成 0.2 cm 厚的片，重复此法将原料批完即可，将批好的鱼片盛入盘中。

图 2-45　选料

图 2-46　分档取料

图 2-47　批片

图 2-48　成形

技能 2　丝的加工成形——牛肉丝

一、加工步骤

选料（见图 2-49）→洗净→改块→批片（见图 2-50）→切丝（见图 2-51）→成形（见图 2-52）。

二、加工方法

将牛肉清洗后改块，用拉刀批的方法将牛肉块批成 0.3 cm 厚的片，将片叠成瓦楞形，再直刀拉切成 0.3 cm 粗的丝，重复此法将原料切完即可。

图 2-49　选料

图 2-50　批片

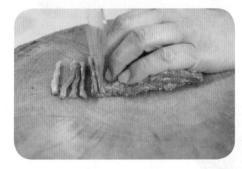

图 2-51　切丝

图 2-52　成形

技能 3　丁的加工成形——鸡丁

一、加工步骤

选料（见图 2-53）→洗净→批片（见图 2-54）→切条（见图 2-55）→切丁（见图 2-56）→成形（见图 2-57）。

二、加工方法

鸡脯肉清洗后，用正刀批将鸡肉批成 1.2 cm 厚的片，用直刀法顺丝切成

图 2-53　选料

图 2-54　批片

1.2 cm 粗细的条，然后改刀切成边长 1.2 cm 的丁，重复此法将原料切完即可，将切好的鸡丁盛入盘中。

图 2-55　切条

图 2-56　切丁

图 2-57　成形

技能 4　条的加工成形——猪里脊条

一、加工步骤

选料→洗净→批片（见图 2-58）→切条（见图 2-59）→成形（见图 2-60）。

二、加工方法

将猪里脊分档取肉，清洗后用下刀批法将猪里脊肉批成长约 5 cm、厚约

图 2-58　批片

图 2-59　切条

1.2 cm 的片，再用直刀法切成断面尺寸为 1.2 cm×1.2 cm 的条，重复此法将原料切完即可，将切好的猪里脊条盛入盘中。

图 2-60　成形

技能 5　块的加工成形——猪肉块

一、加工步骤

选料→洗净→切条（见图 2-61）→切块（见图 2-62）→成形（见图 2-63）。

二、加工方法

将猪肉分档取肉，清洗后用直刀法切成 4 cm 宽的条，然后切成边长 4 cm 的正方块，重复此法将原料切完即可，将切好的猪肉块盛入盘中。

图 2-61　切条

图 2-62　切块

图 2-63　成形

技能 6　段的加工成形——排骨段

一、加工步骤

选料→分档（见图 2-64）→洗净→砍段（见图 2-65）→成形（见图 2-66）。

二、加工方法

将猪大排分档取料，清洗后将每根排骨砍成 3.5 cm 长的段，重复此法将原料砍完即可，将砍好的排骨段盛入盘中。

图 2-64　分档

图 2-65　砍段

图 2-66　成形

培训项目 3

菜肴组配

培训单元 1　常见菜肴组配

1. 掌握菜肴组配的概念和形式。
2. 掌握配菜的要求和基本方法。

一、菜肴组配的概念和形式

1. 菜肴组配的概念

根据宴席档次和菜肴质量的要求，将各种加工成形的原料加以适当的配合，供烹调或直接食用的工艺过程称菜肴组配。

2. 菜肴的组成

各种菜肴都是由一定的质和量构成的。所谓质，是指组成菜肴的各种原料总的营养成分和风味指标；所谓量，是指菜肴中各种原料的重量及菜肴的重量。一定的质和量构成了菜肴的规格，而不同的规格决定了它的销售价格和食用价值。因此，对菜肴的规格进行确定是组配的首要任务。

一般来说，一份完整的菜肴由三个部分组成，即主料、辅料和调料。

（1）主料

主料是指在菜肴中作为主要成分，占主导地位，起突出作用的原料。它在菜肴中所占的比重较大，通常为60%以上，能体现该菜的主要营养价值与主体风味指标。

在菜肴组成方面，主料起关键作用，是菜肴的主要内容。对于一份菜肴而言，其主料的品种、数量、质地、形状均有一定的要求，是固定不变的。

（2）辅料

辅料又称"配料"，在菜肴中作为从属原料，指配合、辅佐、衬托和点缀主料的原料。它在菜肴中所占的比重较少，通常在40%以下，作用是补充或增强主料的风味特性。

由于季节、货源等因素的影响，部分菜肴的辅料是可以改变的。如炒肉丝在配辅料时，春季用春笋，夏季用青椒，秋季用茭白、芹菜，冬季用韭黄、青蒜、冬笋；再如翡翠蹄筋的绿色配料，春季用莴苣，夏季用丝瓜。

（3）调料

调料又称调味品、调味原料，包括一些不属于主料、辅料且不起调味作用的原料，如天然色素、人工合成色素、发酵粉、泡打粉、石碱、嫩肉粉等。调料是在烹调过程中用于调和食物口味的一类原料，其在烹调中用量虽少，但作用很大，原因在于每一种调料都含有区别于其他调料的特殊成分。

3. 菜肴组配的意义

（1）确定菜肴的用料

菜肴的用料一经确定就应具有一定的稳定性，不可随意增减、调换；每种菜肴均应根据该种菜肴的主料、辅料、调料数量配比表配料。菜肴原料数量配比表既是厨房配菜人员核对的依据，也是顾客查询的依据。保证菜肴用料的稳定和菜肴用料配比的准确无误，对维护企业信誉及维护消费者的利益，均起到积极的作用。

（2）确定菜肴的营养价值

在菜肴组配时，应将多种原料有机地结合在一起，使原料之间的营养成分相互补充，从而更符合人体对营养素的需求，并提高人体对菜肴原料的消化吸收率。

（3）确定菜肴的口味和烹调方法

1）菜肴的主料、辅料和调料确定以后，菜肴的口味也就随之确定了。

2）在烹调菜肴时采用何种烹调方法，是依据主料及辅料的形状、调料的用量来确定的。如整条鳜鱼剞上牡丹花刀，表明该菜的烹调方法为脆熘；大鳊鱼剞上柳叶花刀，盘边放上葱段、姜片及其他配菜，表明该菜的烹调方法为清蒸。只有根据菜肴的配料合理采用烹调方法，才能达到预期的目的。

（4）确定菜肴的色泽、造型

菜肴的色泽与三个方面有关：一是主料和辅料本身固有的色泽，这是菜肴的基本色彩；二是调味品所赋予的色泽，这是菜肴的辅助色彩；三是加热过程中的变化色泽，它由各种原料经加热而产生，随加热的进行而逐步变化。

凡旺火速成的炒、爆、烹等菜肴，其原料需加工成丁、丝、条、片等比较小的形状；长时间加热的炖、焖、煨等菜肴，原料需加工成比较大的形状。

4. 菜肴组配的形式

菜肴组配的形式，按食用温度可分为冷菜和热菜，按菜肴形式可分为风味菜和花式菜，按原料的性质可分荤菜和素菜，按烹制方法可分为炒菜、烧菜、汤菜等。无论哪种分类方法都是相对的，它们之间是相互关联的，并没有明显的界限。

冷菜组配分为一般冷菜组配和花色冷菜组配。热菜组配分为单一原料菜肴的组配、主辅料菜肴的组配和不分主辅料菜肴的组配三种形式。

（1）单一原料菜肴的组配

单一原料菜肴的组配即菜肴中只有一种主料而没有配料。

（2）主辅料菜肴的组配

主辅料菜肴的组配指菜肴中有主料和辅料，并按一定的比例组合。

（3）不分主辅料菜肴的组配

菜肴中原料为两种或两种以上，每种原料的重量基本相同，无主辅之分。

二、配菜的要求和基本方法

1. 配菜的要求

配菜在整个菜肴制作过程中都占据非常重要的地位，要做好该项工作，必须既熟悉有关业务，又要通晓有关的知识。具体要求如下。

（1）熟悉和了解原料的情况

不同的菜肴是由不同原料配合构成的，所以配菜过程中必须熟悉原料的有关知识。

1）熟悉原料的性能。不同原料的性能是不同的，如韧性、脆性、软性等。由于性能的不同，原料在烹调过程中所发生的变化也各有不同。在配菜时必须使它们之间配合得当，适合于所用的烹调方法。即使是同一种原料，其性质也因季节的变化而有差异，例如，鲥鱼在立夏到端午这一时期特别肥美，过了这一时期就质老味差了。有些体积较大的原料，如猪、牛、羊、鸡、鸭等，身体各个部位的肌肉性质不同，有的部位质地嫩而结缔组织少，有的部位质地老而结缔组织多，各部位不能混用，否则会影响菜肴质量。因此，配菜人员必须熟悉原料性能、时令变化、分档取料等知识，才有可能配制出深受消费者欢迎的佳肴。

2）了解市场供应情况。市场上原料的供应不是一成不变的，而是随着生产季节、采购及运输情况的变化而变化的。例如，餐饮行业流传的"五月仔虾""六月蟹（毛蟹）""小暑黄鳝赛人参""桂花甲鱼""九雌十雄大闸蟹"等说法，配菜人员对此须有所了解，才能配合市场的供应情况，充分利用市场上供应充足的原料，适当压缩市场上供应紧张的原料，并利用替代品创制出新的菜肴品种。

3）了解企业的备货情况。配菜人员对企业的备货情况必须心中有数，才能确定供应的菜肴品种，并及时向企业提出建议，使企业的备货既不致积压，也不致出现供不应求的情况。

（2）熟悉菜肴的名称及制作特点

我国的菜肴品种繁多，各地区都有各自特殊风味的菜，各店也有各店的特色菜。各种特色菜肴不但名称各异，用料标准、刀工形态和烹调方法也有不同。因此，配菜人员必须对本菜系或本企业的菜肴名称及制作特点了如指掌，看到菜肴的名称即可熟练地进行配菜，不仅如此，配菜人员对其他企业以及其他菜系的菜肴名称和特色也应有所了解，才能做到在配菜中有所比较，突出特点、取长补短，创制出更多的菜肴品种。

（3）掌握菜肴的质量标准及净料成本

每道菜肴都有一定的质量标准，配菜人员必须认真地把好质量关。为此，配菜人员要掌握菜肴所用净料的质量及其成本。菜肴所需原料的数量和比例，一般以餐具的大小来衡量。当然这种定量方式也不是绝对的，配菜人员还要根据原料的特点以及加热后的变化进行定量控制。另外，配菜人员还要了解各种原料的成本和菜肴销售价格，这样才能准确掌握每道菜肴的规格和成本。具体应注意以下四点。

1）熟悉并掌握各种原料从毛料到净料的加工损耗率或净料率。

2）确定构成每道菜肴的主料、辅料的质量、数量和成本。

3）根据企业所规定的毛利目标，确定每道菜肴的毛利率和销售价格。

4）制定每道菜肴规格、质量、成本单。其内容包括：菜肴的名称，主料、辅料、调料的名称、重量及其成本，产品的总重量和总成本，菜肴的毛利率，售价。

（4）注意营养成分的搭配及烹调操作要求

菜肴的营养成分及其搭配是衡量其质量的一个主要方面，该方面随着时代发展越来越受消费者关注。一名现代厨师必须懂得烹饪原料的营养和卫生的知识，合理搭配各种原料，以满足人体生理及健康的需要。在配菜时还必须符合卫生要求，遵守与食品卫生相关的法律法规，如将生熟食品分开放置等。

配菜人员在操作时也要充分考虑如何为烹调操作提供便利，如将菜肴中的主辅料分开放置，将不同下锅顺序的原料分别放置等。

（5）具有审美感，能够推陈出新

配菜人员要具有美学基础知识，懂得构图和色彩搭配的基本原理，以便在配菜时使各种原料在形态、色彩上彼此协调，增加菜肴美感。配菜人员还要有创新精神，善于根据市场变化和需求创造新菜品，以满足消费者的需要。

2. 配菜的基本方法

配菜的基本方法可分为配一般菜和配花色菜两类。配一般菜的方法比较朴实；而配花色菜的方法偏重技巧，对色和形特别讲究，其成品具有一定的艺术性。现将这两类菜肴配菜的基本方法分述如下。

（1）配一般菜

1）单一原料菜肴的配法。所谓单一原料菜肴是指由一种原料构成的菜肴。对这种菜肴进行配菜时只要将这份菜肴的原料按菜肴的单位定额配置于相应的餐具中即可，此法较简单，也是最常用的。配菜时要注意该种配法能否突出原料的优点，避免原料的缺点；一些有特殊而浓厚滋味的原料，不宜单独配成菜肴。如果是用单一原料制成的菜肴，在菜名前面往往应加上一个"清"字，如清炒里脊丝、清炒鸡丝等。

2）主辅料菜肴的配法。主辅料菜肴是指除了主料外，还配有一定数量辅料的菜肴。配制该类菜肴时必须突出主料，不可喧宾夺主。配辅料时可以配一种辅料，也可以配多种辅料。如青椒鸡丝，辅料只有青椒；而锦绣鱼丝，便有多种辅料。

3）不分主辅料菜肴的配法。不分主辅料菜肴是指由两种或两种以上地位同等的原料所构成的菜肴。各种原料数量大致相等。配制时，各种原料在色、香、味、形方面的配合要适当。这类菜肴的名称中往往有"双、二、三、四、八"等数字，如炒二冬、爆三丁、八宝菜等。

（2）配花色菜

花色菜是指讲究色泽、造型，富有艺术性的菜肴。配花色菜时应注意：选料要精，利于造型；菜肴色、香、味、形应和谐统一；菜肴图案或形态应美观大方，不矫揉造作；应适当运用食品雕刻作品，用于衬托点缀。配花色菜有六种常用手法。

1）叠。叠是将几种不同品种、颜色、口味的原料加工成片状，并有间隔地叠在一起，各层之间涂一层加工成糊状或泥茸的黏性原料，使这些片状原料互相粘合，形成美观的造型，如锅贴鱼、锅贴虾等。

2）穿。穿是将一种原料穿入另一种原料内的手法。如玉簪里脊的制法，即是把里脊片两头各戳一个洞，每片包裹一根小菜心，再将火腿及香菇条合并穿在里脊片的两个洞中，将菜心夹住。

3）镶。镶是指以一种原料为主，中间镶嵌其他原料的配菜法，如八宝镶蟹盒等。

4）扎。扎又称捆，是指将主料加工成条、丝、片，再用色泽鲜艳的韧性原料（如海带、黄花菜、葱等）将主料一束一束地捆扎成菜的方法，如柴把鸡、捆扎鱼面等。

5）包。包是指将完整的或加工成丁、条、丝、片、块、茸、末等形状的原料，用玻璃纸、锡纸、豆腐皮、荷叶、粉皮、蛋皮、威化纸等包起制成菜肴的方法，如纸包鸡、杭式响铃、荷叶粉蒸肉等。

6）串。串是用竹签、铁丝等物将各种适合于串的原料串成串状的方法，如清炸鹿肉串、牙签肉等。

花色菜的配法除上述常用的六种之外，还有卷、酿等方法，这些方法不仅能单独用于某道菜肴，还可以相互组合运用，配成更有艺术性的菜肴。

技能1　单一原料菜肴的组配——㸆大虾

一、操作准备

1. 原料

原料及用量见表2-1。

表2-1　原料及用量　　　　　　　　g

原料	用量	原料	用量
新鲜大虾	600	清汤	200
精盐	3	色拉油	1 000
味精	2	葱	8
白糖	50	姜	8
料酒	10	蒜	5
白醋	3	芝麻油	5

2. 设备与器具

操作台、炉灶、炒锅、炒勺、菜刀、砧板、碗、盆等。

二、操作步骤

步骤1　刀工处理

（1）将大虾去腿、须，从眼处剁去虾枪，挑去背部虾线，除去沙袋，洗净。

（2）葱切段，姜、蒜切片。

步骤2　预处理

将洗净的大虾过油上色后备用。

步骤3　烹制

洁净的铁锅内放色拉油烧热，加葱段、姜片、蒜片煸香，烹入白醋、料酒，加清汤、精盐、白糖，放入大虾，烧沸，撇去浮沫，用慢火㸆熟；待汤汁浓稠时，加入味精；然后将虾取出，整齐放在盘内，将汤汁加上芝麻油搅匀，淋浇在虾身上即成。成品如图 2-67 所示。

图 2-67　熮大虾

三、操作要点

1. 大虾初步加工时，应确保形状完整。

2. 必须采用慢火烹制。

四、质量要求

色泽红亮，口味咸鲜、微甜。

技能 2　主辅料菜肴的组配——熘鱼片

一、操作准备

1. 原料

原料及用量见表 2-2。

表 2-2　原料及用量　　　　　　　　　　　　　　　　　g

原料	用量	原料	用量
净草鱼肉	150	精盐	5
冬笋	10	味精	5
水发木耳	10	料酒	10
油菜心	10	清汤	200
葱	10	鸡油	5
姜	15	色拉油	500
蒜	10	鸡蛋	50
熟火腿	10	湿淀粉	30

2. 设备与器具

操作台、炉灶、炒锅、炒勺、菜刀、砧板、碗、盆等。

二、操作步骤

步骤1　刀工处理

将鱼肉片成长 4 cm、宽 2.5 cm、厚 0.3 cm 的片，冬笋和油菜心均切成长 1.5 cm、宽 1 cm 的薄片，葱片开，切成 2 cm 长的段，姜、蒜切片。

步骤2　预处理

（1）将鱼片放入碗内，放入精盐、味精、料酒腌制入味，加蛋清、湿淀粉上浆备用。

（2）洁净的铁锅内加入色拉油烧热，放入鱼片迅速滑开后，倒入漏勺控净油。

步骤3　烹制

洁净的铁锅内放入色拉油烧热，加入葱、姜、蒜炒出香味后，加清汤，捞出葱、姜、蒜；加精盐、料酒、冬笋、木耳、熟火腿、油菜心烧开，打去浮沫；加入鱼片稍煨，加味精，用湿淀粉勾芡，将铁锅转动几下，淋上鸡油，盛入盘内即成。成品如图 2-68 所示。

图 2-68　熘鱼片

三、操作要点

1. 主料必须选择新鲜的净鱼肉，否则会影响菜肴成品质量。

2. 鱼肉加工时，要厚度均匀，大小相等。

3. 鱼片上浆时，要反复抓匀。

4. 鱼片滑油时要掌握好火候。

5. 汤内加鱼片后，操作要快，以免鱼肉变老。动作要轻，防止鱼片破碎。

四、质量要求

鱼片色泽洁白，软滑鲜嫩，芡汁明亮，咸鲜味美。

技能 3 不分主辅料菜肴的组配——油爆双花

一、操作准备

1. 原料

原料及用量见表 2-3。

表 2-3 原料及用量   g

原料	用量	原料	用量
新鲜猪腰	200	精盐	3
新鲜墨鱼	200	味精	2
冬笋	50	料酒	10
油菜心	30	米醋	5
水发木耳	15	清汤	75
葱	10	湿淀粉	30
姜	10	色拉油	1 000
蒜	10	芝麻油	5

2. 设备与器具

操作台、炉灶、炒锅、炒勺、菜刀、砧板、碗、盆等。

二、操作步骤

步骤 1 刀工处理

（1）猪腰去掉外层薄膜洗净，片成两半，除净腰臊及白筋；然后剞成麦穗花刀，再切成 2 cm 宽、4 cm 长的条块。

（2）墨鱼去掉外皮膜，剞成麦穗花刀，然后切成 2 cm 宽、4 cm 长的条块。

（3）冬笋切菱形片；油菜心切 3.5 cm 长的段；葱片开，切 0.5 cm 长的小段，姜切指甲片；蒜切片。

步骤2　预处理

（1）铁锅内加入色拉油，放在急火上烧至六七成热，放入猪腰和墨鱼一促即捞出，控净余油。

（2）将清汤、精盐、味精、湿淀粉放入碗内搅匀，兑成调味粉汁。

步骤3　烹制

在铁锅内加入色拉油烧热，加入葱、蒜炒出香味；加入冬笋片、油菜心略炒，再加水发木耳，烹上料酒、米醋；然后放入猪腰、墨鱼，翻炒几下，倒入兑好的调味粉汁，急火翻炒均匀，淋上芝麻油，装入平盘内即成。成品如图2-69所示。

图2-69　油爆双花

三、操作要点

1. 主料必须选择新鲜的猪腰和墨鱼。

2. 猪腰加工时必须将腰臊除净且不能造成肉质的浪费，墨鱼的外层薄膜要去除干净。

3. 猪腰、墨鱼在剞花刀时刀距要均匀，深度要一致，并应注意交叉的角度及成形是否均匀。

4. 猪腰、墨鱼在进行热油促时必须迅速，否则会影响质感。

四、质量要求

色泽明亮，质地脆嫩，芡汁紧裹，咸鲜味美。

培训单元 2　菜肴餐具知识

掌握餐具的选用方法，能正确选用不同的餐具盛装菜肴。

一、餐具的种类

餐具是指用餐时直接接触食物的非可食性工具，是用于辅助食物分发或食物摄取的器皿和用具。俗话说"食美不如器美""红花还需绿叶衬"，不同的餐具会对菜品组配产生不同的效果。选用合适的餐具可以把菜品衬托得更加美观，增进食欲。

烹调师应根据菜肴的具体情况选择餐具的大小、形状、色彩。根据质地材料，餐具有金（或镀金）、银（或镀银）、铜、不锈钢、陶瓷、玻璃、木质、竹、漆器等多种；根据形状，餐具有圆、椭圆、方形、多边形、象形、带盖等多种形状；根据性质，餐具有盘、碟、碗、平锅、明炉、火锅等品种。

菜肴装盘时所用餐具的种类很多，规格大小不一，在使用上也有所不同，难以一一列举，仅将几种常用的介绍如下。

1. 腰盘

腰盘又称长盘、鱼盘，是一种呈椭圆形的扁平餐具，因形态像腰子，故得名。其尺寸大小不一。小的腰盘可盛各式小菜，中等的腰盘可盛各种炒菜，大的腰盘可盛整只鸡、鸭、鱼等大菜及作宴席冷盘使用。

2. 圆盘（平盘）

圆盘是一种圆形的扁平餐具，尺寸大小不一。圆盘主要用于盛无汁或汁少的热菜与冷菜。

3. 汤盘

汤盘也是圆而扁的餐具，但是盘的中心凹陷，直径一般为 20～40 cm。汤盘主要用于盛汤汁较多的烩菜、熬菜、半汤菜等，有些量较大的炒菜，如炒黄鳝糊等，往往也用汤盘盛装。

4. 汤碗

汤碗专作盛汤用，直径一般为 27～40 cm，主要用于盛整只鸡、鸭制作的汤菜，如香菇春鸡、清炖鸭子等。

5. 扣碗

扣碗专用于盛扣肉、扣鸡、扣鸭等，使成熟后的菜肴在盛装时保持形态完整。其直径一般为 17～27 cm。另外还有一种扣钵，一般用于盛全鸡、全鸭、全蹄等。

6. 砂锅

砂锅既是加热用具，又是餐具，适于炖、焖等用小火加热的烹调方法。原料成熟后，就用原砂锅上席，因用其盛装菜肴热量不易散失，有良好的保温性能，故多在冬季使用。砂锅规格不一，形式多样。

7. 火锅

火锅有用铜、锡、铝、玻璃等制成的，也有陶制的。其多为圆形，中央有一炉膛，可放炭燃烧，锅体在炉膛的四周。此外还有"酒精锅"，以酒精为燃料，四面出火，火力较强。

8. 汽锅

汽锅为扁圆形陶瓷蒸锅，锅中心有塔形的空心管子，从锅底直通上面，接近盖子。汽锅规格大小不一，样式古朴，用汽锅制作的菜肴质感酥香，汤汁澄清鲜醇。

二、餐具的选用原则

盛装菜肴的餐具应根据菜肴品种进行选择，既要与菜肴数量、形状和烹调方法相适应，也要与菜肴的色彩和宴会的档次相适应。要根据菜肴的具体情况选择餐具的大小、形状、色彩。在选择餐具时应考虑以下几个方面的因素。

1. 根据菜肴的档次选用餐具

菜肴的档次是相对的，不能一概而论。原则上，高档宴席应用高档餐具，一般宴席应用一般餐具。注意：无论选用何种餐具，都不可使用残缺破损的器皿。

2. 根据菜肴的类别选用餐具

菜肴的类别是指菜肴是大菜，还是炒菜、冷菜。一般原则为：大菜和花色拼盘用大的器皿，其他类别菜肴用小的器皿；无汤水的菜肴用平盘，有汤水的菜肴用深盘或碗。

（1）爆、炒、炸、煎类菜肴的餐具选用

这类菜肴一般无汤汁，盛装的餐具以平盘为主，形状可以是圆形或腰形，也可以选择异形盘或分餐盘。零点菜肴一般选用9英寸圆盘或12英寸腰盘，宴席一般选用12～14英寸圆盘或16英寸腰盘。

（2）烧、烩、蒸、扒类菜肴的餐具选用

这类菜肴一般带有一定的汤汁或卤汁，餐具宜选用汤盘，汤盘比平盘稍深一点，可防止汤汁外溢。也有部分烧菜、烩菜选用碗或砂锅等餐具，主要根据菜肴的要求灵活选用。零点菜肴一般选用12英寸圆盘或14英寸腰盘，宴席一般选用14～16英寸圆盘或18英寸腰盘。

（3）炖、焖、煨、煮类菜肴的餐具选用

这类菜肴一般汤汁较多，餐具多选用汤碗或砂锅。装盘时汤汁不能超过餐具容量的90%，最好是将烹制菜肴的砂锅直接上桌，这样既可保持温度，又可防止香气散失。

3. 根据菜肴的形状、色彩选用餐具

餐具的选用一定要与菜肴成品的形状相符合，如整鱼菜品应选用腰盘盛装。餐具的色彩应与菜肴的色彩相配，如可采用白盘加以点缀盛菜。

4. 根据菜肴的数量选用餐具

为了适应用餐人数的需要，在同一类别餐具中仍需再分多个规格，如平盘可分为5英寸盘、7英寸盘、8英寸盘、9英寸盘、10英寸盘等规格。一般菜肴的分量占餐具容量的80%～90%为宜，多则满、少则欠；菜肴装在餐具中，要显得饱满，但不要显得臃肿。

技能要求

技能　餐具的选用

一、炸、熘、爆、炒、烹类菜肴餐具的选用

炸、熘、爆、炒、烹类菜肴的特点是组成菜肴的原料形状较小，汤汁较少或芡汁薄而紧，所用餐具品种较多，如圆形平盘（见图 2-70）、方形平盘、方形圆底盘等。

二、炖、焖、烧类菜肴餐具的选用

炖、焖、烧类菜肴成品都带有一定量的汤、芡，常用的餐具有圆形凹盘、双耳鲍翅盘（见图 2-71）等。

图 2-70　圆形平盘

图 2-71　双耳鲍翅盘

三、蒸、扒类菜肴餐具的选用

蒸、扒类菜肴一般形态较整齐美观，且带有汤汁，所以蒸、扒类菜肴的餐具都要有一定的深度，根据菜肴的制作要求可以选择圆形或椭圆形的深盘。圆形深盘如图 2-72 所示。

四、汤、羹类菜肴餐具的选用

汤、羹类菜肴是中餐菜肴中不可缺少的一部分，其相配的餐具以汤碗等器皿较为常见。汤碗如图 2-73 所示。

图 2-72　圆形深盘

图 2-73　汤碗

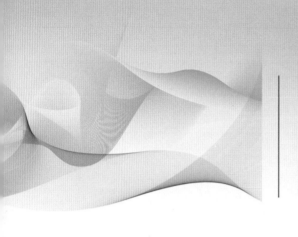

培训模块 三
原料预制加工

内容结构图

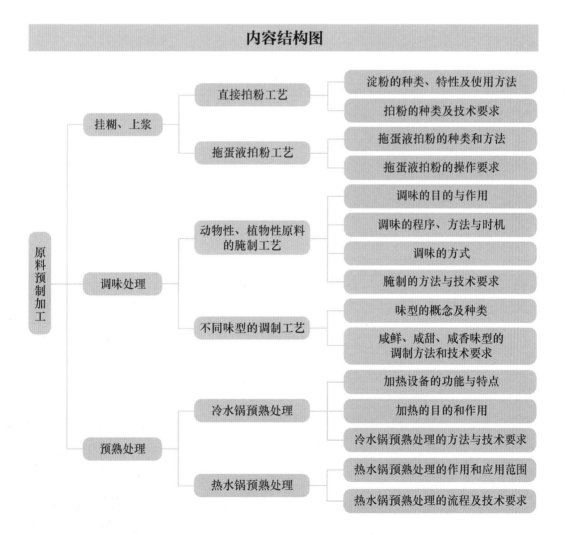

原料预制加工	挂糊、上浆	直接拍粉工艺 → 淀粉的种类、特性及使用方法 / 拍粉的种类及技术要求
		拖蛋液拍粉工艺 → 拖蛋液拍粉的种类和方法 / 拖蛋液拍粉的操作要求
	调味处理	动物性、植物性原料的腌制工艺 → 调味的目的与作用 / 调味的程序、方法与时机 / 调味的方式 / 腌制的方法与技术要求
		不同味型的调制工艺 → 味型的概念及种类 / 咸鲜、咸甜、咸香味型的调制方法和技术要求
	预熟处理	冷水锅预熟处理 → 加热设备的功能与特点 / 加热的目的和作用 / 冷水锅预熟处理的方法与技术要求
		热水锅预熟处理 → 热水锅预熟处理的作用和应用范围 / 热水锅预熟处理的流程及技术要求

培训项目　1

挂糊、上浆

培训单元 1　直接拍粉工艺

培训重点

1. 掌握淀粉的种类、特性及使用方法。
2. 掌握拍粉的种类及技术要求。

知识要求

一、淀粉的种类、特性及使用方法

在挂糊、上浆所用的原料中，淀粉原料的选择十分重要，其质量对挂糊、上浆的质量有直接影响。淀粉的品种较多，每种淀粉结构的紧密程度不同，都有其各自的糊化温度。淀粉糊化的难易程度除与淀粉分子间结合的紧密程度有关外，还与淀粉颗粒的大小有关。颗粒大、结构疏松的淀粉比颗粒小、结构紧密的淀粉易于糊化，所需的糊化温度也较低。直链淀粉含量高的淀粉较易挂糊、上浆。常用的淀粉包括绿豆淀粉、马铃薯淀粉、玉米淀粉、小麦淀粉、甘薯淀粉、糯米淀粉等。

1. 绿豆淀粉

（1）直链淀粉含量在 60% 以上。

（2）绿豆淀粉颗粒小而均匀，粒径为 15 ~ 20 μm。

（3）绿豆淀粉的热黏度高，稳定性和透明度均好，适宜勾芡和制作粉皮。

2. 马铃薯淀粉

（1）马铃薯淀粉粒形为卵圆形，颗粒较大，粒径达 50 μm 左右，直链淀粉含量约为 25%。

（2）马铃薯淀粉糊化温度较低，为 59～67 ℃，糊化速度快，糊化后很快达到最高黏度。

（3）马铃薯淀粉黏度的稳定性差，透明度较好，宜作上浆、挂糊之用。

3. 玉米淀粉

玉米淀粉是目前烹饪中使用最普遍的一种淀粉，具有以下特性。

（1）淀粉颗粒为不规则的多角形，颗粒小而不均匀，平均粒径为 15 μm。

（2）直链淀粉含量为 25% 左右，糊化温度较高，为 64～72 ℃。

（3）糊化过程较慢，糊化热黏度升高缓慢，透明度差，但凝胶强度好。在使用过程中宜用高温使其充分糊化，以提高其黏度和透明度。

4. 小麦淀粉

（1）小麦淀粉为圆球形，平均粒径为 20 μm，直链淀粉含量约为 25%，糊化温度为 65～68 ℃。

（2）小麦淀粉热黏度低，透明度和凝胶能力都较差，在烹饪中经加工可制成澄粉。

5. 甘薯淀粉

（1）甘薯淀粉的颗粒呈椭圆形，粒径较大，一般为 25～50 μm。

（2）甘薯淀粉糊化温度高达 70～76 ℃，直链淀粉含量约为 19%。

（3）甘薯淀粉热黏度高但不稳定，糊丝较长、较透明，凝胶强度很弱。

6. 糯米淀粉

糯米淀粉几乎不含直链淀粉，不易老化，易吸水膨胀，也较易糊化，有较高的黏性。其宜制作元宵、年糕等，也可作为特殊挂糊的原料。

在挂糊、上浆时，应选择糊化速度快且糊化黏度升高较快的淀粉。实践证明，马铃薯淀粉颗粒大、吸水能力强、糊化温度低、黏度高、透明度好，最适宜作为上浆和挂糊的原料。而玉米淀粉颗粒小且不均匀、糊化温度高、糊化黏度升高缓慢，不适合作为上浆和挂糊的原料，而适合勾芡。

二、拍粉的种类及技术要求

1. 拍粉的种类

拍粉，就是在原料表面黏拍上一层干淀粉，以起到与挂糊相同作用的一种方法，所以拍粉也叫挂"干粉糊"。拍过粉的原料外表干燥，比较容易成形，比挂糊的菜品更加整齐、均匀；在炸制后外表酥脆，肉软嫩，而体积不缩小。所以，拍粉工艺可固定菜肴形状，防止原料着色过快，使之保持金黄色泽，形态整齐美观。拍粉包括辅助性拍粉和风味性拍粉两种工艺。

（1）辅助性拍粉

辅助性拍粉是指先拍粉后挂糊，即在原料表面先拍上一层干淀粉，再挂糊油炸或油煎的工艺。辅助性拍粉主要用于一些水分含量较多、外表比较光滑的原料，为了防止脱糊，先用干粉起到中介作用，使糊与原料黏合得更紧。

此外，还有一些原料不需上浆或挂糊，仅需直接拍上一层干淀粉后直接炸制或油煎。但该工序不是成菜的最后工序，而同样是一种辅助性的加工方法，主要起定形和防止黏结的作用，如制作炸素脆鳝、菊花鱼等时就应运用该工艺。辅助性拍粉要求现拍现炸，否则原料内部水分会渗出使粉料潮湿，导致下锅后不能松散而黏结。

（2）风味性拍粉

风味性拍粉是拍粉工艺的主要内容，该工艺是在拍粉后经炸制或油煎直接成菜，形成拍粉菜品独特的松、香风味。其方法是先在原料外表上浆或挂上一层薄糊，使原料外表具有较多水分，再黏附各种粉料。这样，既对原料起到保护作用，也增加了原料的黏附性，使粉料油炸以后不易脱落，整齐、均匀地黏附在原料表面。风味性拍粉适用于大片形或筒形原料的加工，如制作面包猪排、芝麻鱼卷等。

2. 拍粉的技术要求

（1）粉料必须干燥。粉料潮湿，将影响菜品的香味或脆度；同时，粉料潮湿容易结团，将导致粉料不能均匀地包裹在原料的表面。

（2）拍粉或粘皮时一定要将粉料按实，防止粉料在烹制时脱落。

（3）拍粉后的原料放置时间不宜太长，否则粉料会吸水回软，影响菜肴口感，且炸制后菜肴表面不膨松。

技能要求

技能 1　单一粉料拍粉处理——菊花鱼

一、操作准备

1. 原料

原料及用量见表 3-1。

表 3-1　原料及用量　　　　　　　　　　　　　　　　　　　　g

原料	用量	原料	用量	原料	用量
带皮草鱼肉	400	生姜	10	料酒	10
干淀粉	100	食盐	6	番茄酱	40
小葱	10	白糖	15	色拉油	500

2. 设备与器具

操作台、炉灶、炒锅、炒勺、菜刀、砧板、碗、盆等。

二、操作步骤

步骤 1　刀工处理

（1）斜刀将带皮草鱼肉批成片状，批到鱼皮处不要切断，连续 4～5 片切断鱼皮，鱼片规格约 4 cm×5 cm×0.3 cm；将鱼片呈瓦楞形叠好再切成 0.3 cm 粗鱼丝，同样切至鱼皮不断开；依次将鱼肉全部切完。菊花鱼刀工处理如图 3-1 所示。

（2）小葱切段，生姜切厚片拍松。

图 3-1　菊花鱼刀工处理

步骤 2　预处理

（1）小葱段、姜片加入料酒、食盐、100 mL 清水调制成葱姜酒水。

（2）将葱姜酒水淋入鱼肉，轻轻抓匀腌制约 10 min 入味。

（3）将鱼肉直接投入干淀粉中拍粉，将每根鱼丝均匀拍上干淀粉。菊花鱼拍粉粉料如图 3-2 所示，拍粉处理后的菊花鱼如图 3-3 所示。

图 3-2　菊花鱼拍粉粉料　　　　　　图 3-3　拍粉处理后的菊花鱼

步骤 3　烹制

（1）炸制鱼肉。起锅烧油至五成热，拿起每块鱼肉，用手指拖住鱼皮将多余干淀粉抖落，然后放入热油中炸制定形，待所有鱼肉都炸好后捞出，升高油温至七成热，再放入鱼肉复炸至色泽金黄，捞起沥油。

（2）调汁。锅洗净后烧干滑油，锅留底油，按 1∶1 加入番茄酱和清水调匀烧开，加入食盐、白糖调味，再加入湿淀粉勾芡，淋油制成番茄汁。

（3）装盘。将菊花鱼装入盘中，淋上番茄汁即可，成品如图 3-4 所示。

图 3-4　菊花鱼

三、操作要点

1.处理鱼肉时要注意刀工均匀，鱼丝粗细相当，不要切断。

2. 鱼肉拍干淀粉要均匀，拍粉后应立即油炸，放置时间不宜过长。

3. 油炸鱼肉分两次，第二次油炸时应提升油温使鱼肉上色，质地更加酥脆。

四、质量要求

菊花鱼色泽金黄，形态似菊花，入口酥脆，味道酸甜。

技能 2　复合粉料拍粉处理——酸甜咕噜肉

一、操作准备

1. 原料

原料及用量见表 3-2。

表 3-2　原料及用量　　　　　　　　　　　　　　g

原料	用量	原料	用量	原料	用量
去皮猪五花肉	200	食盐	3	茄汁	20
鲜菠萝肉	100	白糖	20	喼汁	10
干淀粉	80	白酒	5	色拉油	500
吉士粉	10	红椒	20		

2. 设备与器具

操作台、炉灶、炒锅、炒勺、菜刀、砧板、碗、盆等。

二、操作步骤

步骤 1　刀工处理

（1）将猪肉切成 1.5 cm×1.5 cm×3 cm 块状，如图 3-5 所示。

（2）菠萝切成厚片，红椒改刀成菱形片。

步骤 2　预处理

（1）将猪肉用盐、白酒腌制 20 min。

（2）将干淀粉和吉士粉混合调匀，然后放入猪肉块，拍上混合粉料至猪肉表面干爽。猪肉拍粉粉料如图 3-6 所示，经过拍粉处理的猪肉如图 3-7 所示。

图 3-5　猪肉刀工处理

图3-6　猪肉拍粉粉料　　　　　　　　图3-7　经过拍粉处理的猪肉

步骤3　烹制

（1）炸制猪肉。起锅烧油至五成热，放入猪肉炸至外皮金黄、起壳变脆，捞出沥油。

（2）调汁。将干净锅烧热滑油后留底油，加入茄汁、噢汁及50 mL清水调匀，加入食盐、白糖调味，淋入湿淀粉勾芡，淋油。

（3）翻炒装盘。倒入炸好的猪肉块、菠萝肉、红椒翻拌均匀即可，成品如图3-8所示。

图3-8　酸甜咕噜肉

三、操作要点

（1）猪肉块应切配均匀，腌制时间要足够，确保猪肉入味。

（2）干淀粉和吉士粉要混合均匀，吉士粉不宜太多，否则会使香气过浓。

（3）猪肉要炸干水分，否则表皮容易回软，失去脆感。

四、质量要求

菜肴色彩诱人，猪肉酸甜可口，表皮有脆感，搭配水果食用肥而不腻。

培训单元 2　拖蛋液拍粉工艺

1. 掌握拖蛋液拍粉的种类和方法。
2. 掌握拖蛋液拍粉的操作要求。

一、拖蛋液拍粉的种类和方法

拍粉时由于一些原料外表的黏性不足，需要拖一层蛋液增强黏性，保证粉料均匀地黏附于原料表面。有时，在拖蛋液前还要先拍一层干淀粉，目的是让原料在油炸时更平整，蛋液可根据需要选用蛋黄或蛋清，但必须将其调散并搅打均匀。根据选用蛋液的不同，一般可以分为拖蛋黄拍粉、拖蛋清拍粉和拖全蛋拍粉。

拖蛋液拍粉的做法是在原料上面先拍粉，从蛋液中拖过，再拍上面包粉或果仁，是烹调中常用的加工方法。原料的形状应为大片形或筒形，适于用高温油炸成熟，成品外酥脆、里鲜嫩，如面包猪排、芝麻鱼卷。拖蛋液拍粉如不粘滚其他原料而直接烹调，菜肴则具有外脆里嫩、色泽金黄、柔软酥烂的特点，如生煎鳜鱼。

二、拖蛋液拍粉的操作要求

拖蛋液拍粉时要注意现拍现炸，这是因为粉料非常干燥，如拍得过早，则原料内部水分被干淀粉吸收，经高温炸制后菜肴质地会发干变硬，失去外酥脆、里鲜嫩的效果，影响菜肴的质量；同时，外部粉料吸水过多也会结成块或粒，造成表面粉层不匀，炸制后外表不光滑美观也不酥脆的情况。所以，拖完蛋液拍干粉时，应现拍现炸。

在烹制松鼠鳜鱼等菜肴时，在原料剞花刀后要腌渍调味，然后拖蛋黄拍粉油炸。原料经过多种液体调味品腌渍，使剞开的原料表面水分增多，黏性增强，干粉不易粘挂均匀，所以要边拍粉边抖动，防止干粉在炸制后结成一团，使花纹呈现不出来，并影响卤汁的粘挂和吸收，失去酥松香脆的口感。

技能　拖蛋液拍粉工艺实例——香炸鸡扒

一、操作准备

1. 原料

原料及用量见表3-3。

表3-3　原料及用量　　　　　　　　　　　　　　　g

原料	用量	原料	用量	原料	用量
净鸡脯肉	300	小葱	5	五香粉	1
鸡蛋	50	生姜	5	色拉油	500
面粉	50	食盐	5		
面包糠	50	料酒	5		

2. 设备与器具

操作台、炉灶、炒锅、炒勺、菜刀、砧板、碗、盆等。

二、操作步骤

步骤1　刀工处理

（1）将鸡脯肉横刀批成0.2 cm厚的片，用刀背排剁使鸡肉松弛，刀工处理后的鸡脯肉如图3-9所示。

（2）小葱切段，生姜切片。

步骤2　预处理

（1）用小葱、姜片、料酒、盐调制葱姜酒水，鸡蛋敲开打匀。

图3-9　刀工处理后的鸡脯肉

（2）将葱姜酒水淋入鸡脯肉，撒上五香粉，抓匀至有黏性，腌制 15 min。

（3）鸡脯肉拍粉粉料如图 3-10 所示。将鸡脯肉均匀拍上一层干面粉（见图 3-11），然后拖上蛋液（见图 3-12），再拍上面包糠（见图 3-13），轻轻压实待用。

图 3-10　鸡脯肉拍粉粉料

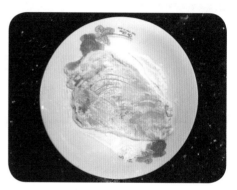

图 3-11　鸡脯肉拍面粉

图 3-12　鸡脯肉拖蛋液

图 3-13　鸡脯肉拍面包糠

步骤 3　烹制

（1）炸制鸡扒。起锅烧油至四成热，投入鸡扒炸制色泽金黄、表面起脆，出锅沥油。

（2）装盘。鸡扒改刀成型后再装盘，配上调味汁食用，成品如图 3-14 所示。

三、操作要点

1. 鸡扒刀工处理不宜太厚，以免难入味，用刀背排剁可以让拍上的面包糠包裹更牢固，不宜脱落。

2. 鸡扒下锅时油温不能低，否则面包糠容易脱落，且成品含油量会增加。

四、质量要求

菜品色泽金黄，入口酥脆，鲜嫩多汁，香味浓郁。

图 3-14　香炸鸡扒

培训项目 ② 调味处理

培训单元 1 动物性、植物性原料的腌制工艺

掌握动物性、植物性原料的腌制处理工艺。

一、调味的目的与作用

1. 确定和丰富菜肴的口味

菜肴的口味主要是通过调味工艺实现的，虽然其他工艺流程对口味也有一定的影响，但调味工艺对口味起决定性作用。各种调味原料在运用调味工艺进行合理组合和搭配之后，可以形成多种多样的风味特色。

2. 去除异味

去除异味是指在制作菜品的全过程中，用调味手段配合其他烹调工艺除去菜品的不良味道。主要手段如下。

（1）在烹调时，加入较重的香辣调料，使调料的气味浓郁而突出，将部分异味掩盖。例如添加八角、桂皮、丁香、姜、蒜、辣椒、胡椒等调味料，可以缓和、减轻肉类的各种异味，但这种方法主要适用于异味较轻或经过除味加工的原料。

（2）在预煮或烹调过程中加入各种香辛调味料，利用其挥发作用除去原料中的异味。

1）加入料酒。料酒中含有乙醇、酯类、氨基酸等成分，其中乙醇可以促进异味的挥发，同时还能与有异味的酸在加热时发生反应，形成具有香气的酯类，酯类和氨基酸均能增加肉的香味。

2）加入食醋。食醋中的酸可以与肉类中一些产生异味的成分结合，生成不易挥发的成分，从而抑制肉类原料散发出的腥膻气味。

3）加入葱、姜、蒜等。葱、姜、蒜等香辛调料对鱼肉的腥味有很好的去除效果。

另外，鱼的腥味成分呈碱性，烹调时加入醋与酒后可以中和碱性，从而减弱腥味。

3. 有利于人体健康

调味原料不仅具有调味作用，而且会影响人体的生理功能。

（1）盐是人体必需的营养物质，人体每天都需要摄入一定量的食盐。如摄入量过少，会影响人体机能的正常运转；如摄入量过多，则易引起高血压等疾病。

（2）糖属于碳水化合物，可提供人体生命活动的热能，是人类获得热能最主要、最经济的能源。摄入糖类有补充血糖、解除肌肉紧张和解毒之效；但过多摄入易引起血压升高，导致血液中胆固醇增加，使身体发胖。

（3）醋除含有多种营养成分外，还能溶解植物纤维和动物骨刺，所以烹调时添加适当的醋，可以加速原料变软，并能减少维生素的损失。同时，加入食醋还可使食物中钙、磷、铁处于溶解状态，可促进钙、磷、铁在人体内的吸收。

4. 丰富菜品的色彩

菜肴的色彩是构成菜品特色的主要方面，它可给人以悦目愉快之感，能给人一种美的享受，同时还能引起生理上的条件反射，促进人体内消化液的分泌，增进食欲并促进对食物的消化吸收。

菜肴呈现的各种色泽主要来源于原料中固有的天然色素，其次就是调料和人工色素。其中调料着色来自两个方面：一是调味品本身的色泽与原料相吸附而形成的色泽；二是调味品与原料相结合后发生的色彩反应所形成的色泽。例如，酱油可使菜品呈淡茶色、金黄色或者酱红色，番茄酱可使菜品呈果红色，豆豉可使菜品呈黑亮色，柠檬汁则使菜品呈亮丽的柠檬黄色，糖类原料在加热过程中还会形成更加诱人的色彩。

5. 调节菜品的质感

调味工艺对质感的影响没有火候那么直接，但运用调味工艺可以改善和调节菜品的质感。例如，鱼茸在调制的时候，会因盐投入的时间先后而影响质感，先加盐，鱼茸不仅吃水量不足，甚至会出现脱水现象，使鱼丸达不到理想的质感；因此，在鱼丸制作时应先加一定量的水再加盐搅拌上劲，这样才能达到成品细嫩而富有弹性的效果。

质感的变化还与调味料加入的时间长短有关系。例如，鱼肉腌制时间短，可保持鱼肉的嫩度；腌制时间稍长，肉质就会变老，最终质感由嫩转变成酥、韧的咸鱼质感。

再如，制作苏式清蒸鱼时很注重入味，加热前要将鱼腌制并投放所需的所有调味料，而蒸制时间若掌握不准，成品的质感容易粗老；制作粤式清蒸鱼则非常注重质感，加热前不投放咸味调料，而蒸制时间应掌握得非常准确，肉质的鲜嫩程度超过苏式清蒸鱼。

二、调味的程序、方法与时机

调味的过程按菜肴的制作工序可划分为三个阶段，即原料加热前的调味、原料加热中的调味、原料加热后的调味。不同的菜肴在调味时每个阶段的作用和调味方法都是不同的。

1. 原料加热前的调味

原料加热前的调味属于基本调味，是指原料在正式加热前，用调料通过腌渍等方法对其调味。该工序主要利用调料中呈味物质的渗透作用，使原料表里均呈现基本的味型。此阶段调味的主要目的是使烹饪原料在正式烹调前就具有基本的味型（也称入底味、底口），同时也能改善烹饪原料的气味、色泽、质地及持水性。在加热前调味一般适用于炸、煎、烧、炒、熘、爆等烹调方法制作的菜肴。由于制作菜肴的品种、要求的不同及原料质地、形状的差异，在调味时应适当投放调料，并根据原料的质地合理安排腌制的时间。

2. 原料加热中的调味

原料加热中的调味属于定型调味，是指原料在加热过程中，根据菜肴的要求，按照时序，采用热渗、分散等调味方法，将调料放入加热容器（煸锅、炒勺、蒸锅）中，对原料进行调味的工序。其目的主要是使所用的各种原料（主料、配料、调料）的味道融合在一起，并且相互配合、协调一致，从而确定菜肴的味型。原料加热中的调味一般适用于烧、蒸、煮等烹调方法制作的菜肴。由于原料加热中的调味是定型调味，是基本调味的继续，对菜肴成品的味型起着决定性的作用，所以调味时应注意调味的时序，把握好调料的数量。

3. 原料加热后的调味

原料加热后的调味属于补充调味，是指原料加热结束后，根据菜肴的需求，在菜肴出勺（起锅）后，采用裹浇、跟味碟等方法进行补充调味的工序。其目的是补充前两个阶段调味的不足，使菜肴成品的滋味更加完美。其一般适用于炸、熘、烤、涮等烹调方法制作的菜肴，调味时应根据菜肴成品的要求，采用不同的调料作必要的补充调味。

上述三个阶段的调味是紧密联系的过程，它们之间相互联系、相互影响、互为基础，主要目的是保证菜肴获得理想的味道。

4. 重复调味

重复调味就是在制作一道菜肴的过程中，分几个阶段进行调味，以突出菜肴的风味特色。重复调味也称为多次性调味，而有一些菜肴的调味在某一个阶段就能彻底完成，被称为一次性调味。

三、调味的方式

调味方式又称调味手段，是指将调味品中的呈味物质有机结合起来，去影响烹饪原料中的呈味物质。具体是指根据菜肴口味的特点要求并针对菜肴所用原料中呈味物质的特点，选择合适的调味品，并按一定比例将这些调味品组合起来对菜肴进行调味，使菜肴的味道得以形成和确定。

常用的调味方式有味的对比、味的相乘、味的转化、味的消杀等。

1. 味的对比

味的对比又称味的突出，是将两种或两种以上不同味道的呈味物质按悬殊比例混合使用，导致量大的呈味物质味道更加突出的调味方式。例如，用少量的盐提高鲜味，并提高糖液甜度。

2. 味的相乘

味的相乘又称味的相加，是将两种或两种以上同一味道的呈味物质混合使用，导致这种味道进一步加强的调味方式，主要是在需要提高原料中某一主味或需要为原料补味时使用。如鸡精与味精混合使用可使鲜度增强，使菜肴更加鲜醇。

3. 味的转化

味的转化又称味的改变或味的变调，是将两种或两种以上不同的呈味物质以适当的比例调和在一起，导致各种呈味物质的本味均发生转变而生成另一种复合味道的调味方式。

4. 味的消杀

味的消杀又称味的掩盖或味的相抵，是将两种或两种以上不同的呈味物质，按一定比例混合使用，使各种呈味物质的味均减弱的调味方式。该工艺可使用多种调味品综合形成适宜味道，例如，若菜肴口味过咸或过酸，可适当加些糖，使咸味或酸味有所减轻，并吃不出甜味。味的消杀原理有：利用某些调味品中挥发性呈味物质掩盖某些味道，如生姜中的姜酮、姜酚、姜醇，肉桂中的桂皮醛，葱、蒜中的二硫化物，料酒中的乙醇和食醋中的乙酸等，均可达到掩盖气味的效果；利用某些调味品中的化学元素消杀，如烹鱼时加醋和料酒等，不仅能通过酯化反应形成香气，而且还会使其与产生腥臭味的三甲胺发生反应，消杀鱼的腥味。

四、腌制的方法与技术要求

原料的腌制就是将食物原料与调料抄拌均匀放置或者直接浸泡在调料溶液中的工艺，前者可称为干法腌制，后者可称为湿法腌制。烹调中常用食盐、酱油、蔗糖、蜂蜜、食醋、料酒等调料以及葱姜蒜等香料，分别调成咸、甜或酸味以及某些复合味进行腌制，以利于半成品原料的贮藏。

干法腌制是将调味料直接干抹或揉擦在被腌制原料上，使原料中的苦涩或血污汁水析出，缓解异味后风干收藏形成腌腊风味的工艺。干法腌制应特别注意在将调味料干擦在原料上时，要均匀擦透擦遍原料的每一部分，否则会导致原料发臭腐败。干腌原料可不洗涤，若洗涤一定要晾干，因表面水分过多易使原料变质，明显影响腌制质量，所以可在食用时再进行浸泡洗涤。

湿法腌制是指将原料直接浸入腌制溶液中的工艺，这样能有效防止原料因过分脱水而产生干、老、韧等不良质感。湿腌能有效保持原料的鲜、脆、嫩等质感，这是由于腌制过程中，原料在脱水的同时又吸入新的水分，从而保持了原料内含水量的动态平衡。

技能要求

技能 1 植物性原料腌制处理——莴笋丝的腌制凉拌

一、操作准备

1. 原料

原料及用量见表 3-4。

表 3-4 原料及用量 g

原料	用量	原料	用量	原料	用量
鲜莴笋	350	白糖	5	香醋	1
生姜	1	鸡精	1	芝麻油	2
食盐	4	生抽酱油	5		

2. 设备与器具

操作台、菜刀、砧板、碗、盆等。

二、操作步骤

步骤 1 刀工处理

（1）鲜莴笋去皮洗净后，改刀成 6 cm 长的段，再切片，最后改刀成 2 mm 粗的丝。

（2）生姜切成姜米待用。

步骤 2 预处理

（1）将食盐加入莴笋丝中，拌匀后腌制 5 min。

（2）倒出莴笋丝中的汁水，并挤出多余水分。

步骤 3 调味拌制

将挤干水分的莴笋丝装入盆中，加入姜米、白糖、鸡精、生抽酱油、香醋拌匀，最后淋上芝麻油即可，成品如图 3-15 所示。

图 3-15　凉拌莴笋丝

三、操作要点

1. 要选择鲜嫩的莴笋作为原料。

2. 莴笋丝切配要符合规格，不宜太短太粗。

3. 莴笋丝腌制时间不宜过长，否则会导致失水过多，营养流失也多，应现拌现食用。

四、质量要求

色泽碧绿，形状整齐，口味咸鲜，质地脆嫩。

技能 2　动物性原料腌制处理——鸡丁的腌制处理

一、操作准备

1. 原料

原料及用量见表 3-5。

表 3-5　原料及用量　　　　　　　　　　　　　　　　　　　g

原料	用量	原料	用量	原料	用量
净鸡脯肉	200	食盐	2	料酒	5
蛋清	10	小葱	2	色拉油	10
干淀粉	10	生姜	2		

2. 设备与器具

操作台、菜刀、砧板、碗、盆等。

二、操作步骤

步骤 1　刀工处理

（1）将净鸡脯肉切成边长 0.8 cm 的鸡丁。

（2）小葱切粒，生姜切姜米。

步骤 2　预处理

（1）调制蛋清浆。将干淀粉用少量清水和开，然后倒入蛋清中搅匀。

（2）鸡丁中加入盐、料酒、葱粒和姜米腌制，然后加入蛋清浆上浆。

（3）最后淋上冷油冷藏待用，如图 3-16 所示。

图 3-16　鸡丁腌制

三、操作要点

（1）腌制鸡丁一般要 10 min 以上，否则鸡丁内部味道不足。

（2）调制蛋清浆时，蛋清中不宜加入干淀粉，否则很难和均匀。

（3）腌制、上浆好的鸡丁如果暂时不用，必须淋油冷藏保存。

四、质量要求

鸡丁腌制入味均匀，上浆饱满，不泻汁水。

培训单元 2　不同味型的调制工艺

1. 掌握味型的概念及种类。
2. 能调制咸鲜味、咸甜味、咸香味等味型。

一、味型的概念及种类

我国菜品制作的基本工艺是相似的，但气候、环境、习俗等原因造成了菜肴风味的迥异。

不同的厨师、不同的饭店，即使制作同一道菜也会产生不同的口味，因此菜肴的口味具有较大的灵活性。虽然菜谱中对各种主料、调辅料的用量进行了精确标明，但在实际操作中，仍不能形成完全一致的味觉效果。如此种类繁多的味道，如此灵活多变的味道，任何人都无法完全掌握。为此不得不从中寻找味道中的共性和规律，对味道进行比较和归纳，以味觉的主体特征为主线，形成一个完整的分类体系。而味型就是这个体系的起点，它把调香手法相似、味道特征相通的各种口味，按其共性特征归纳为几大类型。

味型的分类体系如下。

1. 单一味

单一味也称为基本味、母味，是指只用一种味道的呈味物质调制出的滋味，是最基本的滋味，主要有咸、甜、酸、鲜、辣、苦等。

（1）咸味

咸味是绝大多数复合味的基础味，是菜肴调味的主味。菜肴中除了纯甜味品种外，几乎都带有咸味，而且咸味调料中的呈味成分氯化钠是人体的必需营养素之一，故常被称为"百味之本""百肴之将"。咸味能去腥解腻，突出原料的鲜香味，调和多种多样的复合味。常用的呈现咸味的调味料主要有食盐、酱油、黄酱等以咸味为主的调料。

咸味与其他几种单一味相互作用，会产生不同的效果。

1）咸味与甜味。少量食盐可增强糖的甜味，糖的浓度越高，增强效果越明显。如在 10% 的蔗糖中添加 0.15% 氯化钠会使蔗糖的甜味更加突出。同时，糖对食盐的咸味有减弱作用。如在 1% 的食盐溶液中添加 8% ～ 10% 的白糖，可使咸味基本消失。

2）咸味与酸味。实验证明，在咸味溶液中添加少量（一般 0.1% 左右）醋酸可使咸味增强，如果添加较多（0.3% 以上）醋酸可使咸味减弱。即少量食盐可增强酸味，多量食盐又会使酸味减弱。

3）咸味与鲜味。味精可使咸味减弱，而适量的食盐可使鲜味增强，也就是说，在味精中添加氯化钠会使鲜味更加突出，因此在行业中有"无咸不鲜"之说，仅由咸味和鲜味构成的味可视为清鲜。

（2）甜味

甜味在古代也称甘味，在调料中的作用仅次于咸味。在烹调中，甜味除了调制单一甜味菜肴外，更重要的是调制具有复合味的菜肴。甜味可以增加菜肴的鲜味，并有调和滋味的作用。常用的呈现甜味的调味品主要有蔗糖（白糖、红糖、冰糖等）、蜂蜜、饴糖、果酱、糖精等。

甜味与其他几种单一味相互作用，会产生不同的效果。

1）甜味与酸味。甜味会因添加少量的醋酸而减弱，并且添加的量越大，减弱的程度越大；反过来，甜味对酸味也有相似的影响。菜肴中的酸甜味（糖醋类）以 0.1% 的醋酸和 5% ～ 10% 的蔗糖组配最为适宜。

2）甜味与鲜味。在有咸味存在时，少量的蔗糖可以改变鲜味的质量，使之形成一种浓鲜的味感。

3）甜味与苦味。甜味与苦味之间可相互减弱，不过苦味对甜味的影响更大一些。

4）甜味与咸味。在咸味中已讲，在此不赘述。

（3）酸味

烹调中用于调味的酸味成分主要是可以电离出氢离子的有机酸，如醋酸、柠檬酸、乳酸、苹果酸、酒石酸等。

酸味具有使食物中所含有的维生素 C 在烹调中损失减少的作用，还可以促进食物中钙质的分解，除腥解腻。酸味一般不独立作为菜肴的滋味，而是与其他单一味一起构成复合味。烹调中较常用的调味料主要有食醋、番茄酱、柠檬汁等。酸味能使鲜味减弱，而少量的苦味或涩味可以使酸味增强，与甜味和咸味相比，其阈值较低，并且随温度升高而增强。

（4）鲜味

鲜味主要为氨基酸盐、氨基酸酰胺、肽、核苷酸和其他一些有机酸盐的滋味。其通常不能独立作为菜肴的滋味，必须与咸味等其他单一味组合成复合味。鲜味的主要来源是烹调原料本身所含的氨基酸等物质和呈现鲜味的调味料。鲜味可使菜肴鲜美可口，增强食欲。烹调常用的呈鲜调味料主要有味精、鸡精、虾子、蚝油、鱼露及鲜汤等。

鲜味与其他单一味相混合时，一般可使其他味感减弱，其他味对鲜味的作用因味的种类不同而异。一般规律是咸可增鲜，酸可减鲜，甜鲜结合则会产生一种复杂的味感。烹调中应用最广泛的鲜味调味料是味精，用量一般为所用食盐的 10% ~ 30%，口味清淡的菜肴用量为 10% 左右，口味浓厚的菜肴用量为 20% ~ 30%。另外，味精用量还要随菜肴所用主辅料中所含鲜味成分的种类和数量而定，但应该明确使用味精的总原则是突出原料本身的鲜味。

（5）辣味

辣味是某些化学物质刺激舌面、口腔及鼻腔黏膜所产生的一种痛感。辣味不属于味觉，但却是烹调中常用的刺激性最强的一种单一味。辣味物质有在常温下就具有挥发性和在常温下难挥发需加热才挥发两种情况。前者称为辛辣，后者称为热辣或火辣。辣味具有去腥解腻、增进食欲、帮助消化等作用。较常用的调味料有辣椒、胡椒、辣酱、蒜、芥末等。

（6）苦味

苦味是一种特殊味，在菜肴中一般不单独呈味。其起到辅助其他调味品的作用，形成清香、爽口的特殊风味。烹调中常用的苦味调味料有杏仁、柚皮、陈皮、白豆蔻等。

2. 复合味

复合味是指用两种或两种以上呈味物质调制出的具有综合味道的滋味。

（1）常见的冷菜复合味味型

1）咸鲜味

特点：咸味适度，突出鲜味，咸鲜清香。

制法：主要用精盐或酱油等呈现咸味的调味料和味精或鲜汤等呈现鲜味的调味料调制而成。

2）红油味

特点：色泽红亮，咸中略甜，辣中有鲜，鲜上加香，四季皆宜。

制法：将酱油、精盐、白糖、味精调匀溶化后，加入红油（辣椒油）、香油调匀而成。红油味一般用于凉拌菜肴，或与其他复合味配合用于下酒佐饭的菜肴调味。

3）姜汁味

特点：姜味浓郁，咸中带酸，清爽不腻。

制法：将老姜洗净去皮切成极细末，加工成蓉泥后再与盐、醋、味精、香油调和而成。姜汁味多用于凉拌菜肴，最宜在夏季、春末、秋初用于下酒菜的调味。

4）蒜泥味

特点：蒜味浓，咸味鲜，香辣中微带甜。

制法：将酱油及精盐调匀溶化后，加入味精、蒜泥、红油、香油调匀而成。蒜泥味多用于春、夏凉拌菜肴，佐饭最宜。因大蒜素易挥发，应现吃现调。

5）椒麻味

特点：咸麻鲜香，味性不烈，刺激性小。

制法：由精盐、椒麻末、酱油、味精、香油充分调匀而成，常用于凉拌菜肴，四季皆宜。

6）白油味

特点：清淡适口，鲜香醇厚，四季均宜。

制法：由香油、味精、酱油充分调匀而成，可拌入菜肴或淋入菜肴使用，适宜拌有鲜味的原料，如鸡肉等。最宜与糖醋味、麻辣味、豆瓣味配合，但不可与五香味、麻酱味合用。

7）芥末味

特点：咸、酸、鲜、香、冲，清爽解腻。

制法：调制时先将精盐、酱油、醋、味精调匀，再加入现调制的芥末糊调匀，淋入芝麻油即成。芥末味最宜在春、夏两季食用，尤以调制佐酒菜肴最佳，与其他复合味配合均较适宜。

8）麻酱味

特点：咸鲜可口，香味自然。

制法：由精盐、酱油、味精、芝麻酱调匀而成，多用于本味鲜美的原料。该味四季皆宜，尤以作下酒菜肴的调味最佳。所用的芝麻酱以自制的为好，先将芝麻淘净，炒至微黄，碾细，用七成热菜油烫出香味即可。

9）麻辣味

特点：麻辣咸香，味厚不腻，四季皆宜。

制法：由精盐、白糖、酱油、红油、香油、花椒面调匀而成。此味性烈而浓厚，多用于凉拌菜肴。其可与除红油味外的其他复合味配合使用，与糖醋味、咸鲜味配合效果最佳。

10）鱼香味

特点：色泽红亮，辣而不燥，咸酸甜辣兼备，姜葱蒜味突出。

制法：调制时先将精盐、白糖、味精放入酱油、醋内充分溶化，呈咸酸甜鲜的味感时，再加入泡红辣椒末、姜蒜米、葱花搅匀，最后放入辣椒油、香油调匀即成。

11）糖醋味

特点：甜酸并重，清爽醇厚。

制法：调制时将精盐、白糖在酱油、醋中充分溶化，加入香油调匀即成。

12）酸辣味

特点：香辣咸酸，鲜美可口。

制法：调制时将酱油、醋、精盐充分调匀，加入红油、香油调匀即成。

13）怪味

特点：咸、甜、麻、辣、鲜、香、酸各味皆具，风味别具一格。

制法：调制时先将白糖、精盐在酱油、醋内溶化，再与味精、香油、花椒面、芝麻酱、红油、熟芝麻充分调匀即成。怪味一般用于下酒菜肴的调味，是四季皆宜的复合味。

（2）常见的热菜复合味味型

1）咸鲜味。该味在烹调中应用广泛，按菜肴不同，制法有三种。

①盐水咸鲜味

特点：咸中有鲜，鲜中有味，清香可口。

制法：烹调时，将葱打结、姜拍破，与洗净的原料（以鸡为例）一同投入水中，余去血腥味捞出，趁热抹上料酒、精盐后放入蒸盆，再加入胡椒粉、花椒、姜、葱、鸡汤，入笼蒸至八成熟，取出用湿纱布盖好晾凉，斩条块装盘。另将蒸鸡原汁倒出，加味精、香油调匀，食用时淋于鸡肉上即成。此味一般用于本味鲜美（如鸡、鸭等）的原料，以在夏季作下酒菜肴调味为好。注意在烹制过程中，不能混杂其他异味。应将原汁内的杂质如花椒、姜、葱等除去，以免影响菜肴的外观。

②白油咸鲜味

特点：咸鲜可口，清香宜人。

制法：烹调时，先用精盐、料酒腌制原料，使其有一定的咸味基础；另将精盐、味精、胡椒末、姜、葱、蒜兑成味汁。若用于炒，锅内倒入油，烧至五六成热，放入原料，滑散、断生后烹入味汁，收汁亮油起锅即可。若用于熘，油应烧至三四成热；用于爆，则油烧至七八成热再加入原料。此味一般用于炒、熘、爆的菜肴，如熘肉丝、白油肉片、熘鸡丝、火爆肚头等的调味，四季皆宜，尤以夏季用于下酒、佐饭的菜肴调味最佳。

③本味咸鲜味

特点：咸鲜清淡，突出本味。

制法：烹调时在恰当时机适量加入精盐、味精充分调和即可。该种调味应突出原料本身的鲜味，调味品只起辅助作用。精盐、味精用量要配合得当，以食用时有味感为宜。此味一般用于各种清汤、奶汤菜肴及白汁咸鲜菜肴等的调味。味极清淡平和，四季皆宜，尤以夏季运用最宜。因其味清淡鲜香，应注意不能混杂异味，所使用的调料均应选用上品。菜肴原料应以质地细嫩、本味鲜美为宜。

2）咸甜味

特点：咸甜鲜香，醇厚爽口。

制法：烹调时，先将原料入锅烧沸撇尽浮沫，放入糖色、料酒、姜、葱和微量的精盐，以微带咸味为度。烧至即将成熟时放入冰糖并再次放入精盐，用量以咸甜味兼具、味正为准。收浓汤汁后，将起锅时去掉姜、葱，放入味精搅匀起锅即成。此味一般用于烧菜类调味，宜用于下酒佐饭的菜肴。

3）鱼香味

特点：此味系川菜的特殊风味，具有咸、甜、酸、辣、香、鲜味，且姜、葱、蒜的香味突出。

制法1：烹调时，原料先用精盐腌入味，另将酱油、葱、白糖、醋、味精兑成味汁；将锅内混合油烧至七成热时投入原料，炒散后加入泡红辣椒和姜、蒜炒香上色，原料断生时烹入味汁，收汁淋油起锅。此味四季适合，宜烹制下酒佐饭的菜肴。

制法2：烹调时，先将酱油、白糖、醋、葱、味精兑成味汁。将锅内混合油烧至七成热，投入事先腌制好的原料，炒散后加入豆瓣炒香上色，再加入姜、蒜炒出香味。原料断生时，烹入味汁，收汁亮油起锅。在烹调鱼香味时，不论豆瓣或泡红辣椒都应炒香上色，姜、葱、蒜也要炒香再加入味汁，否则将影响鱼香味的味质。

4）糖醋味

特点：甜酸味浓，鲜香可口。

制法1：烹调时，原料先经精盐、料酒入味后再腌制，放入油锅炸至外酥里嫩时起锅入盘，沥去炸油。另加混合油烧至六成热时，加入姜、葱、蒜稍炒，将酱油、白糖、味精、醋兑成的味汁烹入，用流芡稍收汁，味正后，起锅淋于炸好的原料上即可。糖醋味一般适用于炸熘的菜肴，如糖醋脆皮鱼、糖醋里脊等，有除腥除腻的作用，四季皆宜，为下酒菜肴的最佳调味选择。

制法2：烹调时，原料先用精盐、料酒、姜、葱、花椒、酱油码味，待其浸渍入味后，上笼蒸熟（也可直接入锅）再下油锅，炸至外酥里熟时捞起，去掉葱、姜、花椒，油锅倒去炸油，再倒入原料；然后掺鲜汤适量，再加入适量的酱油（以咸味恰当为准）、醋（主要用以提鲜）；收汁前，加入白糖（亦可用红糖）、醋，待糖醋味正后收汁起锅，稍晾凉，撒上熟芝麻即可。此味适用于炸制的菜肴，如糖醋排骨等。

5）荔枝味

特点：味微咸，甜酸如荔枝。

制法：荔枝味的原料和调制方法基本与糖醋味相同，只在甜酸程度上有所区别。糖醋味突出甜酸，而咸味微弱；荔枝味则是甜酸味和咸味并重。其他调料，如姜、葱、蒜、泡红辣椒的香味与糖醋味的用法基本相同。荔枝味在实际运用中，根据菜肴要求甜酸味可轻可重。如锅巴肉片的甜酸味可重些，荔枝腰块的甜酸味较轻。

6）麻辣味

特点：咸、香、麻、辣、烫、鲜各味皆备。

制法：烹调时，先将豆豉剁碎，辣椒面炒香上色；然后掺入鲜汤，放入原料，烧沸入味后，放入白酱油、味精、蒜苗，收浓汤汁起锅，撒上花椒面即成。此味常用于麻婆豆腐的调味。在烹制中，如佐以牛肉或猪肉碎粒与鲜汤提味，则效果更好。此味虽性烈而浓厚，但麻辣、香鲜俱备，宜于四季下酒佐饭。

7）家常味

特点：咸辣兼备，味美醇鲜。

制法：烹调时，将油倒入锅内烧至六成热，放入原料炒散，加入微量精盐，炒干水分，加入豆瓣、豆豉炒香上色，放入蒜苗炒出香味，加入适量酱油，搅匀起锅即成。此味一般用于生爆盐煎肉、熊掌豆腐、回锅肉、小煎鸡等菜肴，四季皆宜。

8）酸辣味

特点：咸酸鲜辣，清香醇正。

制法：烹调时，炒锅内油烧至五成热，先放入肉粒炒酥香，再加其他原料炒一下，掺入鲜汤，加入精盐、料酒、姜、胡椒粉烧沸出味，用湿淀粉勾薄芡，放入酱油、醋、味精、葱，味正后盛入碗内，淋香油适量即成。此味一般用于酸辣蹄筋、酸蛋花汤、酸辣虾羹汤、酸辣海参等菜肴。

二、咸鲜、咸甜、咸香味型的调制方法和技术要求

1. 咸鲜味的调制

（1）调制方法

咸鲜味基本调料为食盐和味精、鸡精，也可酌情加酱油、白糖、芝麻油及葱、姜、胡椒粉等调料，以形成不同的风味。该味型是中餐菜肴中最普通的味型，变化也最多。调制时先将食盐、味精放入调味碗中，加入鲜汤调匀，最后可以适量滴入芝麻油增香。

（2）技术要求

在调制时，应注意咸味适度，突出鲜味。应通过食盐来确定基本味道，以味精、鸡精提升鲜味，以芝麻油增加菜肴香气。如果在调制时使用鲜汤，则更能增加菜肴的鲜美味道，并可调节味汁浓郁度。

2. 咸甜味的调制

（1）调制方法

咸甜味基本调料为精盐、白糖、料酒，也可酌情加姜、葱、花椒、冰糖、糖

色、五香粉、醪糟汁、鸡油等以调节其风味。调制时，可调整盐、糖用量，使该味表现得或咸甜并重，或咸中带甜，或甜中带咸。调制时将食盐、白糖、冰糖、味精、鲜汤等充分溶解即成咸甜味汁。其中，食盐用来确定菜肴基本味道，白糖或冰糖可以提升鲜味，用量以菜肴入口带甜味为宜，味精或鲜汤用于增加菜肴鲜味。该味多用于烧、焖类热菜。

（2）技术要求

应合理掌握咸味调味料和甜味调味料的比例，在调制时应先定好咸味的底味，白糖或冰糖等甜味调味料的使用量以菜肴入口时能感觉到为宜，若甜味过重则会令食用者感到发腻，影响其食欲。味汁可以根据具体菜肴要求添加增色调味品，如老抽酱油、生抽酱油、红曲色素等，以使菜肴成品具有更好的色泽。

3. 咸香味的调制

（1）调制方法

调制咸香味的基本调料与咸鲜味相似，主要为食盐、味精、鸡精、白糖、芝麻油、鲜汤等，但如葱、花椒等用量要适当增加。该味以香味为主，辅以咸鲜，特点是浓香醇厚。

（2）技术要求

根据不同菜肴的具体要求，对于香味的选择也应有所不同。总体来说，调制时香味要适中，不宜过浓；汤汁要鲜美，保证原汁原味。在调制时可以根据菜肴的要求添加香辛料，以形成不同风味的咸香味型，如添加葱油即成带有葱香风味的咸香味型，添加孜然粉即成带有孜然风味的咸香味型。

技能要求

技能1 咸鲜味的调制——银芽鸡丝调味

一、操作准备

1. 原料

原料及用量见表3-6。

表3-6　原料及用量　　　　　　　　　　　　　　　　　　g

原料	用量	原料	用量	原料	用量
净鸡脯肉	250	盐	5	料酒	5
豆芽	100	葱	5	淀粉	15
蛋清	10	姜	2	色拉油	500

2. 设备与器具

操作台、炉灶、炒锅、炒勺、菜刀、砧板、碗、盆等。

二、操作步骤

步骤1　刀工处理

（1）将鸡脯肉表面筋膜和鸡油去除干净，刀从底面横批成3 mm厚的片，然后直刀推切成3 mm×3 mm×60 mm的丝。

（2）豆芽洗净，摘去头尾。

（3）取葱白切粒，姜切成米粒状。

步骤2　预处理

（1）调制蛋清浆。做法是鸡蛋取蛋清10 g，加入适量干淀粉，调匀后静置2 min。

（2）鸡丝中加入盐2 g、料酒3 g腌味，抓拌均匀至鸡丝表面起黏。

（3）净锅上火，加入色拉油烧至四成热滑油，下入鸡丝拨散，烧至鸡丝表面色泽变白后即可沥油出锅。

步骤3　烹制

（1）炒豆芽。锅留底油，下葱粒、姜米煸香，加入豆芽煸炒至透明状、无生味，出锅待用。

（2）调咸鲜味芡汁。锅加底油，加水30 g、料酒2 g、盐3 g，至溶化后加适量水淀粉勾芡。

（3）炒鸡丝。下入鸡丝、豆芽翻炒均匀，淋明油装盘，成品如图3-17所示。

图 3-17　银芽鸡丝

三、操作要点

1. 应选用绿豆芽，因其豆腥味较淡。在操作时应摘去豆芽头尾，才能配合鸡丝达到色泽洁白的成品要求。

2. 鸡丝滑油时必须严格控制 110 ℃油温，以防止油温过高鸡丝抱团粘连、变色。

3. 在翻锅时力度要轻，次数控制在 8 次以下，以保证鸡丝芡汁包裹均匀，成品形态完整、不散碎。

四、质量要求

成品色泽洁白、明油亮芡，口味咸鲜醇和，鸡丝质地细嫩，银芽爽脆。

技能 2　咸甜味的调制——笋焖肉丁调味

一、操作准备

1. 原料

原料及用量见表 3-7。

表 3-7　原料及用量　　　　　　　　　　　　　　　　　　　　　　　　g

原料	用量	原料	用量	原料	用量
净鲜笋（熟）	200	生抽酱油	10	淀粉	10
猪瘦肉	150	食盐	5	色拉油	200

续表

原料	用量	原料	用量	原料	用量
青毛豆	50	白糖	20	芝麻油	1
小葱	5	陈醋	1		
生姜	2	料酒	5		

2. 设备与器具

操作台、炉灶、炒锅、炒勺、菜刀、砧板、碗、盆等。

二、操作步骤

步骤1　刀工处理

（1）鲜笋顺长切成边长1 cm的笋丁，猪瘦肉切成边长1 cm的肉丁。

（2）小葱白切粒，生姜切成姜米。

步骤2　预处理

（1）鲜笋丁和青毛豆分开焯水。

（2）瘦肉丁用少许食盐、料酒腌制，再加5 g干淀粉上浆，静置15 min后滑油待用。

（3）将酱油、食盐、白糖加入清水调匀成调味汁，剩余干淀粉用水和开。

步骤3　烹制

起锅倒油烧热，爆香葱姜，加入笋丁、调味汁、清水，焖煮至八成熟，然后加入瘦肉丁、青毛豆焖熟，淋入湿淀粉翻拌均匀，最后淋入陈醋、芝麻油拌匀即可，成品如图3-18所示。

图3-18　笋焖肉丁

三、操作要点

1. 鲜笋使用时需要再焯水，以去除涩味，改善菜肴口感。青毛豆不宜下锅过早，不然颜色会变黄。

2. 瘦肉丁滑油时油温可以达五成热，在焖制时不宜过早下锅，否则肉质会变老。

3. 菜肴焖制时要保留一定汤汁，最后勾芡收汁。

四、质量要求

色泽红亮，入口鲜甜，鲜笋脆嫩，肉丁多汁不干。

培训项目 ③

预熟处理

培训单元 1　冷水锅预熟处理

培训重点

1. 掌握加热设备的功能与特点以及加热的目的和作用。
2. 掌握冷水锅预熟处理的方法及技术要求。

知识要求

一、加热设备的功能与特点

1. 明火加热设备的功能和特点

通常可将明火加热设备的燃料分为固态、液态、气态三种。其中，固态燃料有木柴、木炭、煤（以前烹饪中多用煤），液态燃料有柴油、汽油、煤油、酒精（烹饪中多用柴油），气态燃料有液化石油气、煤气、沼气（烹饪中多用液化石油气和煤气）。

（1）煤灶

煤灶的主要燃料为固态煤炭，一般分吸风灶和鼓风灶两种，在过去是餐饮业中常用的炊具。煤灶使用不便，需要生火、添煤、封炉等多道工序，调节火力也不容易，同时卫生状况不佳，因此，现代厨房已将其淘汰。

（2）煤气灶

煤气灶的主要燃料为煤气。煤气是由煤炭干馏而制得的气态燃料，主要化学成分包括氢气、氧气、一氧化碳、二氧化碳、氮气、甲烷、不饱和烃（主要是乙烯）及饱和水蒸气。其中可燃成分达90%以上，主要是氢气（50%～55%）、甲烷（23%～27%）、一氧化碳（5%～8%）。现代家庭、饭店中多以煤气作为灶具燃料，其使用非常方便，且干净、卫生、无粉尘。需注意的是煤气中所含的一氧化碳易引起煤气中毒。

厨用煤气灶主要分为炒灶、炖灶、蒸灶等几种。

炒灶大多灶口大，一般配有鼓风机以提高燃烧速度，另外还配有点火棒、鼓风开关、气阀开关、淋水开关等，加热操作十分简单。

炖灶大多灶眼小，有气阀开关，无鼓风机。

蒸灶是用煤气烧水产汽的灶具，其配有点火棒、鼓风开关、气阀开关、加水开关等。

（3）液化石油气灶

液化石油气灶的燃料为液化石油气。液化石油气是一种由天然气或石油进行加压、降温、液化而制得的优质燃料，虽然其为液态燃料，但易汽化，主要以气态进行燃烧。由于液化石油气有压力，因此，需要特制的钢瓶来盛装，且在燃烧前应减压。厨用液化石油气灶可作炒灶、炖灶、蒸灶，结构大体与煤气灶相同。

（4）柴油灶

柴油灶的燃料为柴油，柴油由石油分馏而得。

柴油虽然作为烹饪燃料的各项指标不如液化石油气，但价格较低，使用安全，完全燃烧效果较好。其缺点是不完全燃烧时会产生柴油粒子对菜肴造成污染，并且预热时间长、噪声大。

厨用柴油灶主要用于炒灶中，需要配备专门的上油装置并定期上油。炒灶大多灶口大，一般配有鼓风机以提高燃烧速度，并配有点火棒、鼓风开关、气阀开关、淋水开关等，加热操作十分简单。使用时需注意掌握好油量与风量的比例，否则易造成灶火熄灭。

2. 电能加热设备的功能和特点

随着经济的发展，电能加热设备已被越来越多地应用到餐饮业中。目前使用的电能加热设备可分为两大类：一类是通电后将电能直接转化为热能的装置，包括电炸炉、电扒炉、电煎锅等；另一类是通电后将电能转化为电磁波，通过电磁波来加热的装置，包括电磁灶、远红外线烤炉、微波炉等。

（1）电灶

电灶利用电热敏元件的发热来加热介质和金属板，将电能转化为热能。

电灶中的电炸炉、电扒炉、电煎锅等大多配有通电开关、温控器、定时器等，操作方便、有效、安全、卫生。

（2）电磁灶

电磁灶是一种新型炊具，其原理是利用通电后产生的高频交变磁场，形成电磁感应来加热金属锅具。运用此种加热方式，锅与灶的接触（垂直方向）面积越大，磁通量就越多，导热就越快。

另外，在使用时锅底应尽可能不要与加热板之间形成间隙，否则会产生磁阻。一般电磁灶与锅底之间的距离超过 6 mm，电磁灶即停止工作。电磁灶加热一般配有开关和强弱调节杆，使用非常安全和方便，但其不能加热导磁性差的锅具及其他原料或物品。

（3）远红外线烤炉

远红外线烤炉在实际使用中，常发射波长为 2 ~ 25 μm 的红外线。远红外线加热的原理是，远红外线的波长与被加热物体的吸收波长一致时，被加热物体就会吸收远红外线，使内部的分子与原子产生共振，从而导致温度升高。远红外线对一般物质的穿透力很低，所以对于较薄原料加热较为有效。远红外线烤炉一般都做成密封的装置，便于反射远红外线，使食物吸收远红外线更多且更均匀。远红外线烤炉使用十分方便，只要启动温控器、定时器及上下火调节装置即可加热。

（4）微波炉

微波是一种频率 3 000 MHz ~ 30 GHZ 的电磁波，其波长短，频率高，相比于红外线、远红外线，具有很强的穿透力。微波加热的原理是使食物中的极性分子（主要是水分子）在交变电场中随电场的反复变化而运动加快，产生摩擦热。因此，被加热介质中含水分时，介质易于被加热，干制食物尽可能不用微波加热。

需注意的是，水在冰点附近的损耗系数随温度的上升而增加，在解冻过程中，只要产生了几滴水，微波功率就首先集中作用在这些水中，从而造成加热不均匀。因此，高湿度的冷冻食物通常采用低功率微波解冻，并且解冻温度宜控制在 −2 ℃。

使用微波加热具有以下优点。

1）对不吸收微波的玻璃、塑料等介质穿透性好，可使能量直达食物，如果选用适宜的频率，就可以将食物内外加热均匀。

2）可以使食物内部的水分汽化，加快食物干燥或膨化。因此，微波在对食物的内部解冻、再加热、炖汤等方面有着巨大的优势。

3）微波炉的操作较为简单，只需调节好火力挡位并选择合适的加热时间，就可以快速地将食物加热成熟。

3. 蒸汽加热设备的功能和特点

常用的厨房蒸汽加热设备有夹层锅、高压蒸汽柜等，它们的共同点是一般都使用管道提供的高压蒸汽对食物进行加热，其热源是热蒸汽，而非在设备中加热水临时形成的蒸汽。

夹层锅是将高压蒸汽输入金属夹层中，使锅内快速受热升温来加热食物的设备。其操作较为方便，只需要开关气阀即可。需注意的是，由于其使用高压蒸汽，汽量不应超过锅上所配置的压力表的最高值，以防止产生危险。

高压蒸汽柜是利用蒸汽喷嘴喷出高压蒸汽流，在瞬间加热食物的设备，操作方便。

二、加热的目的和作用

1. 清除或杀死食物中的病菌

一般情况下食物杀菌是通过加热来完成的，通过加热可使细菌中的蛋白质变性，令其失活以杀灭细菌。在实践中，既要保证细菌被杀灭，不对人体构成危害，又要保证食物的嫩度，通常将温度区间扩大到 60 ℃以上，而且多以原料血色的变化来判断，因为血液也是蛋白质，故以血色的变化判断最终的成熟度。

肉制品熟度标准（以牛肉为例）如下。

（1）半熟

中心为玫瑰红色，向外逐渐由桃红色变为暗灰色，外皮为棕褐色，肉汁鲜红。此时，其中心温度为 60 ℃。

（2）中熟

中心为浅粉红色，外皮及边缘为棕褐色，肉汁为浅桃红色。此时，其中心温度为 70 ℃。

（3）全熟

中心为浅灰褐色，外皮色暗。此时，其中心温度为 80 ℃。

2. 促进食物被人体消化吸收

人体中虽然存在多种消化酶，但一些营养物质，如米中的淀粉、大豆中的蛋白质等，如果不经烹饪加热，则难以被人体有效利用。故烹饪加热对有效利用食物的营养价值起到重要的辅助作用。

事实上，加热不仅可以分解食物中的营养物质使人体易于吸收（如促进动物原料中胶原蛋白的水解），而且可以令有毒或有碍消化吸收的物质分解或失活（如生大豆中所含的抗胰蛋白酶）。由此可见，加热既能有效地利用食物的营养特性，也能促进人体对营养素的消化吸收。在营养物质中，蛋白质、脂肪、碳水化合物需要经消化才能被吸收，而加热后这三种营养物质会发生分解，有利于人体的消化和吸收。

例如，纯淀粉在加热过程中会发生糊化反应。对于淀粉含量高的果蔬原料，加热可使原料中的淀粉分解为麦芽糖或葡萄糖的中间产物——糊精，如土豆、山芋等原料在烘烤时出现的焦皮，熬粥时表面形成的一层黏性膜状物等，都是由淀粉分解产生的糊精。相比于淀粉，糊精等分解物更易被人体消化和吸收。

脂肪在水中加热会发生乳化或水解。脂肪虽然不溶于水，但在加热条件下分子热运动更加激烈，使水滴与油滴分散开来并互相包围，形成水包油型乳胶液，同时，温度的升高使界面张力降低，减少液滴的合并，最终在酶解作用下被消化。

蛋白质在水中加热会发生变性，甚至凝固。由于加热破坏了蛋白质的次级键，使蛋白质易被人体内的酶水解，而长时间的加热也可以使蛋白质发生分解，生成一些易被人体消化吸收的低聚肽。例如，鸡蛋未烹生食时蛋白质消化率为30% ~ 50%；去壳煮半熟时蛋白质消化率为 82.5%；搅拌炒制后的蛋白质消化率为97%；经低温炸后，蛋白质消化率为 98.5%；若带壳煮熟，蛋白质消化率为 100%。

需要指出的是，加热所导致的维生素的损失也不容忽视，由于维生素可直接被消化，所以通常的原则是能生吃的食物，只要卫生条件能达到就应尽可能生吃，即使加热也应快速加热。事实上，能生吃的多是蔬菜原料，其维生素含量高且在加热时易损失；而用于生食的肉类原料，由于嗜好和饮食习惯的原因，即便卫生条件许可，也应尽可能选质嫩、蛋白质含量高、脂肪含量少的原料，否则易引起消化不良。

3. 改善菜肴风味

原料经加热以后，其特征会发生各种各样的变化，包括色泽、风味、质地、成分、形态等的变化，这些变化直接与菜品的质量标准密切相关。想要使菜品质量达到色、香、味、形、质、养俱佳的标准，就必须了解原料在加热过程中的变化特征，否则就很难把握加热的各种加工技法，也不能准确地控制加热后的菜肴质量。

三、冷水锅预熟处理的方法与技术要求

1. 冷水锅预熟处理的方法

冷水锅预熟处理法是将原料放入冷水中，通过加热升温使水沸腾，使原料最终成熟的方法。由于原料由生变熟需要经过一定的时间，在处理时可以使原料中的异味充分地溶于水中。因此，该法对于体积大、腥膻气味重的动物性原料和体积大、不良气味重的植物性原料具有很好的除异味作用。

动物性原料在水中缓慢加热，可以使内部的腥膻异味更好地随血水溶出，若直接使用沸水进行处理，则会使原料外部的蛋白质凝固，导致内部的血水不易排出。对于植物性原料来说，通过缓慢的加热将使原料中的不良气味溶出或转化。

2. 冷水锅预熟处理的技术要求

一般来说，冷水锅预熟处理适合牛肉、羊肉、猪肠、猪肚等膻膻气味重、体积大的动物性原料和春笋、萝卜等苦涩、有异味、体积大的植物性原料。

具体的操作要领是：加水量要以没过原料为宜；加热过程中要翻动原料，以使其受热均匀；水沸后，根据需要将原料捞出，以防过熟。

冷水锅预熟处理法包括速熟和久熟。若在水沸后不久将原料捞出，目的仅是去除异味，是速熟法。而以原料熟烂为目的时（属于辅助处理），在锅中加热时间较长，才能进行正式熟处理的，是久熟法。

技能要求

技能1　植物性原料冷水锅预熟处理——鲜笋

一、操作准备

1. 原料

原料及用量见表3-8。

表 3-8 原料及用量 g

原料	用量	原料	用量
净鲜竹笋	500	清水	1 000

2. 设备与器具

操作台、炉灶、炒锅、炒勺、菜刀、砧板、碗、盆等。

二、操作步骤

步骤1 刀工处理

（1）将鲜笋用刀纵向剖开，同时将笋尖部位单独切开。

（2）将鲜笋内部白色结晶或异物去除干净。

步骤2 预处理

（1）起锅加入清水，并加入刀工处理好的鲜竹笋。

（2）水煮开后保持中小火持续煮 4 ~ 5 min，通过水煮可以使鲜笋中的草酸逐渐渗出。

（3）鲜笋出锅以后用清水漂洗干净，如图 3-19 所示。

图 3-19 预熟处理后的竹笋

三、操作要点

1. 笋尖部位较嫩，在水煮过程中可以适当提前出锅。

2. 靠近笋尖的部位要顺切，下方要横切，这样烹调时不但易熟烂，而且更易入味。

3. 煮透的鲜笋需要清水漂洗、浸泡后再冷藏。

四、质量要求

鲜竹笋预熟处理后色泽淡黄，有清新香气，无苦涩味。

技能 2　动物性原料冷水锅预熟处理——猪脊骨

一、操作准备

1. 原料

原料及用量见表 3-9。

表 3-9　原料及用量 g

原料	用量	原料	用量
猪脊骨	500	料酒	10
小葱	15	清水	1 000
生姜	10		

2. 设备与器具

操作台、炉灶、炒锅、炒勺、菜刀、砧板、碗、盆等。

二、操作步骤

步骤 1　刀工处理

（1）用刀将猪脊骨斩成 3 cm 长的段，用清水冲洗并浸泡出血水。

（2）小葱切段，生姜切片。

步骤 2　预处理

（1）起锅放入清水 1 L，放入猪脊骨、葱段、姜片、料酒。

（2）中火烧开后转小火，同时用炒勺撇除水面的浮沫，直至水中不再出现浮沫为止。

（3）将猪脊骨捞出，挑出葱段和姜片，用清水冲洗干净即可，如图 3-20 所示。

图 3-20 预熟处理后的猪脊骨

三、操作要点

1. 猪脊骨下锅前应用清水浸泡,尽量让血水渗出,以减少成品异味。

2. 猪脊骨需要冷水下锅,这样原料内部的淤血、异味才能逐渐渗出。

3. 猪脊骨预熟处理后,需用清水冲洗至水中无絮状物。

四、质量要求

猪脊骨预熟处理后无异味,表面无淤血斑块,能闻到淡淡肉香味。

培训单元 2　热水锅预熟处理

1. 掌握热水锅预熟处理的作用和应用范围。
2. 掌握热水锅预熟处理的流程及技术要求。

一、热水锅预熟处理的作用和应用范围

热水锅预熟处理法是将原料放入沸水中快速加热,使原料在短时间内断生或

者成熟的方法。这种处理方法的主要目的是保持原料色泽或嫩度。对于植物性原料，沸水投料大大缩短了原料的受热时间，可以保持它们鲜艳的色泽，特别是对于绿色蔬菜而言，沸水可以破坏其中酶的活性并抑制酶促反应，保持绿色蔬菜的碧绿色泽，并且沸水加热会使细胞中的空气快速排空，使蔬菜显出透明感。要注意的是一旦长时间加热，热量积累将会加快蔬菜中的镁离子脱去、叶黄素显现，出现发黄的现象。

对于动物性原料，沸水能使之快速成熟并保持嫩度，例如腰片、腰花经沸水处理可以除去腥臊气味，而其嫩度不受影响。因腰子的腥臊气味较重，为保持原料的嫩度，加工成片状的腰子较适合用沸水预熟。

热水锅预熟处理法一般适用于体积较小、鲜嫩或脆嫩，需要保持色泽鲜艳的植物性原料的处理，如芹菜、菠菜、香菜等；也适用于体积小、异味轻、血污少的动物性原料的处理，如鸡、鸭、方肉、肘子等。由于冷菜的加工多注重冷食、注重调味，因此，预熟处理法也成为其主要的烹煮方法，如将这一方法运用于白斩鸡、白切肉、拌腰片、拌西芹等菜肴的制作中。

二、热水锅预熟处理的流程及技术要求

1. 热水锅预熟处理的流程

加工整理原料→放入热水中→继续加热→翻动原料→迅速烫好→捞出投入凉水中漂洗。

2. 热水锅预熟处理的技术要求

（1）加水要多，火力要强，一次下料不宜过多。

（2）根据原料具体情况掌握好下锅时水的温度。

（3）根据切配、烹调需要，控制好加热的时间。

（4）严格控制原料成熟度，确保菜肴风味不受影响。

（5）焯水后的原料（特别是植物性原料）应立即投入凉水中漂洗。

（6）异味重、易脱色的原料应与其他原料分开焯水。

（7）尽量缩短焯水后原料的放置时间。

技能要求

技能1　植物性原料热水锅预熟处理——菜心

一、操作准备

1.原料

原料及用量见表 3–10。

表 3–10　原料及用量　　　　　　　　　　　　　　　　　　　g

原料	用量	原料	用量
净菜心	400	花生油	10
嫩姜	5	清水	800
食盐	5		

2.设备与器具

操作台、炉灶、炒锅、炒勺、菜刀、砧板、碗、盆等。

二、操作步骤

步骤1　刀工处理

（1）切去菜心根部较老部位，然后改刀成段。

（2）嫩姜去皮切成丝。

步骤2　预处理

（1）水煮开后放入食盐、花生油搅匀。

（2）在热水锅中投入菜心和姜丝，旺火焯水 30 s 捞出。

（3）把菜心浸入冷水中泡凉后捞出待用，如图 3-21 所示。

图 3-21　预熟处理后的菜心

三、操作要点

1. 菜心改刀时应注意改刀成长短一致的段，根部较粗部位用斜刀处理。

2. 水中加入姜丝可去除菜腥味，还有驱寒功效。

3. 菜心预熟处理后应用冷水浸透，避免变色。

四、质量要求

菜心色泽碧绿、油亮。

技能 2　动物性原料热水锅预熟处理——鸡胗

一、操作准备

1. 原料

原料及用量见表 3-11。

表 3-11　原料及用量　　　　　　　　　　g

原料	用量	原料	用量
净鸡胗	200	料酒	5
小葱	10	清水	500
生姜	5		

2. 设备与器具

操作台、炉灶、炒锅、炒勺、菜刀、砧板、碗、盆等。

二、操作步骤

步骤 1　刀工处理

（1）将鸡肫剖开成两半，剔除白色筋膜，在肉质部分剞十字花刀。

（2）将小葱改成葱段，生姜切成姜片。

步骤 2　预处理

（1）起锅烧开清水，投入葱段、姜片、料酒。

（2）投入剞花刀的鸡肫，在沸水中煮 90 s。

（3）捞出鸡肫，用清水冲洗干净即可，如图 3-22 所示。

图 3-22　预熟处理后的鸡肫

三、操作要点

1. 鸡肫外层的白色筋膜韧性很强，剔除后可改善其口感。

2. 鸡肫剞花刀要均匀，每刀间距以 1 mm 为宜。

3. 鸡肫属于内脏，葱、姜、料酒可以去除异味。

四、质量要求

鸡肫自然绽开形似花朵，刀纹清晰、均匀，无异味。

培训模块 ④

菜肴制作

内容结构图

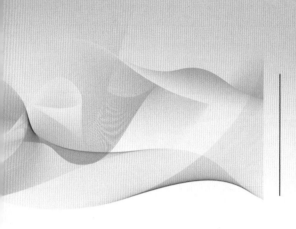

	临灶操作	翻勺（或翻锅）的种类及技术要求
		烹调方法的分类及特征
		热菜调味的基本方法
热菜烹制	以水为传热介质的烹调方法——煮、汆、烧	水导热的概念
		煮、汆、烧的概念及技术要求
	以油为传热介质的烹调方法——炸、炒	油导热的概念
		炸、炒的概念及技术要求
	以汽为传热介质的烹调方法——蒸	汽导热的概念
		蒸的概念及技术要求
冷菜制作	冷制冷食菜肴的烹调方法——炝、拌、腌	炝
		拌
		腌
	单一主料冷菜的拼盘及成形工艺	单一主料冷菜装盘的方法
		单一主料冷菜拼摆成形的技术要求

菜肴制作

培训项目　①

热菜烹制

培训单元1　临灶操作

培训重点

1. 掌握翻勺（或翻锅）的种类及技术要求。
2. 掌握烹调方法的分类及特征。
3. 掌握热菜调味的基本方法。

知识要求

一、翻勺（或翻锅）的种类及技术要求

勺工就是厨师临灶运用炒勺（或炒锅）的方法与技巧的综合技术，即在烹制菜肴的过程中，运用相应的力量及不同方向的推、拉、送、扬、托、翻、晃、转等动作，使炒勺中的烹饪原料前后左右翻动，使菜肴在加热调味、勾芡和装盘等方面达到应有的质量要求。

在烹调过程中，要使原料在锅中成熟度一致、入味均匀、着色均匀、挂芡均匀，除用手勺搅拌之外，还要用翻勺的方法达到上述要求。翻勺技术的运用与菜肴的质量关系重大。翻勺的方法很多，按原料在勺中运动幅度的大小和运动的方向，可分为小翻勺、大翻勺、前翻勺、后翻勺、左翻勺、右翻勺，还有助翻勺、晃勺、转勺等。翻勺时一般是左手持握炒勺，右手持握手勺。

1. 小翻勺

小翻勺又称颠勺，是最常用的翻勺方法，这种方法因原料在其中运动的幅度较小而得名。其具体方法有前翻勺和后翻勺两种。

（1）前翻勺

前翻勺也称正翻勺，是指将原料由炒勺的前端向勺柄方向翻动的方法，其分为拉翻勺和悬翻勺两种。

1）拉翻勺。拉翻勺又称拖翻勺，即在灶口上翻勺，是炒勺底部依靠着灶口边沿的一种翻勺技法。

①操作方法。左手握住炒勺（或锅耳）向前倾斜，先向后轻拉，再迅速向前送出，此时炒勺以灶口边为支点，底部紧贴灶口边沿呈弧形下滑，至炒勺前端快触碰到灶口前沿时，将其前端略翘起，然后快速向后勾拉，使勺中原料翻转。

②技术要求。拉翻勺时通过小臂带动大臂运动，利用灶口的杠杆作用，使勺底前后呈弧形滑动；炒勺向前送时速度要快，先将原料滑送到炒勺的前端，然后顺势依靠腕力快速向后勾拉，使原料翻转。"拉、送、勾拉"三个动作要连贯、敏捷、协调、利落。

③适用范围。这种翻勺方法在实践操作中应用较为广泛，单柄炒勺、双耳锅均可使用，主要用于熘、炒、爆、烹等烹调方法。

2）悬翻勺。悬翻勺是指将勺端离灶口，与灶口保持一定距离的翻勺方法。

①操作方法。左手握住勺柄，将勺端起，与灶口保持一定距离（为 20 ～ 30 cm），使炒勺前低后高，先向后轻拉再迅速向前送出，原料送至炒勺前端时，将炒勺的前端略翘起，快速向后拉回，使原料做一次翻转。

②技术要求。向前送时速度要快，同时炒勺向下呈弧形运动；向后拉时，炒勺的前端要迅速翘起。

③适用范围。这种翻勺方法单柄炒勺、双耳锅均可使用，主要用于熘、炒、爆、烹等烹调方法。

（2）后翻勺

后翻勺又称倒翻勺，是指将原料由勺柄方向向炒勺的前端翻转的翻勺方法。

1）操作方法。左手握住勺柄，先迅速后拉使炒勺中原料移至炒勺后端，同时向上托起，当托至大臂与小臂成 90° 角时，顺势快速前送，使原料翻转。

2）技术要求。向后拉的动作和向上托的动作同时进行，动作要迅速，使炒勺向上呈弧形运动，当原料运行至炒勺后端边沿时快速前送。"拉、托、送"三个动作要连贯协调，不可脱节。

3）适用范围。后翻勺一般适用于单柄炒勺，主要用于烹制汤汁较多的菜肴，以防止汤汁溅到握炒勺的手上。

2. 大翻勺

大翻勺是指将炒勺内的原料一次性做 180° 翻转的翻勺方法，因翻勺的动作较大，原料在勺中翻转幅度也较大，故称为大翻勺。

大翻勺技术难度较大，要求也比较高，不仅要使原料整个翻转过来，而且翻转过来的原料要保持整齐、美观、不变形。大翻勺的手法较多，大致可分为前翻、后翻、左翻、右翻等几种，主要是按翻勺的动作方向区分的，基本动作则大致相同。下面以大翻勺前翻为例，介绍大翻勺的动作技法。

（1）操作方法

左手握炒勺，先晃勺，调整好炒勺中原料的位置，然后略向后拉，随即向前送出，接着顺势上扬炒勺，将炒勺内的原料向上抛，同时炒勺向里勾拉，使离勺的原料做 180° 翻转，在原料下落的同时，炒勺向上托起，顺势接住原料，一同落下。

（2）技术要求

1）晃勺时要适当调整原料的位置，若是整条鱼，应鱼尾向前，鱼头向后；若原料为条形，则要顺条翻，不可横条翻，否则易使原料散乱。

2）"拉、送、扬、勾拉、翻、托、接"的动作要连贯协调、一气呵成。炒勺向后拉时要带动原料向后移动，随即向前送出，以加大原料在勺中运动的距离，然后顺势上扬，利用腕力使炒勺略向里勾拉，使原料完全翻转。接原料时，手腕应有一个向上托的动作，并与原料一起顺势下落，以减缓原料与炒勺的碰撞，防止原料松散及汤汁四溅。

3）除翻的动作要求敏捷、准确、协调、连贯外，还要求炒勺光滑不涩。晃勺时可淋少量油，以增加润滑度。

（3）适用范围

大翻勺主要用于扒、煎、贴等烹调方法。单柄炒勺、双耳锅均可使用大翻勺方法。

3. 助翻勺

助翻勺是指炒勺动时，手勺协助推动原料翻转的翻勺方法。

（1）操作方法

左手握炒勺，右手持手勺，手勺在炒勺的上方里侧。操作时炒勺先向后轻拉，再迅速向前送出，手勺协助炒勺将原料推送至炒勺的前端，顺势将炒勺前端略翘起，同时手勺推、翻原料，最后炒勺快速向后拉回，使原料做一次翻转。

（2）技术要求

炒勺向前送的同时应利用手勺的背部由后向前推，将原料送至炒勺的前端。原料翻落时，手勺应迅速后撤或抬起，防止原料落在手勺上。在整个翻勺过程中左右手应协调一致。

（3）适用范围

助翻勺主要在原料数量较多、原料不易翻转的情况下使用，也可以使芡汁均匀挂住原料。单柄炒勺、双耳锅均可使用助翻勺方法。

4. 晃勺

晃勺是指将原料在炒勺内旋转的方法。晃勺可使原料在炒勺内均匀受热，防止粘锅，并可调整原料在炒勺内的位置，以保证翻勺或出菜装盘顺利进行。

（1）操作方法

左手握住炒勺柄（或锅耳）端平，通过手腕的转动带动炒勺做顺时针或逆时针转动，使原料在炒勺内旋转。

（2）技术要求

晃动炒勺时，主要通过手腕的转动及小臂的摆动加大炒勺内原料旋转的速度。晃动时力量的大小要适中，若力量过大，原料易转出炒勺外；若力量不足，则原料旋转不充分。

（3）适用范围

晃勺的应用较广泛，在用煎、贴、扒等烹调方法制作菜肴时，以及在翻勺之前都可运用。此种方法单柄炒勺、双耳锅均可使用。

5. 转勺

转勺是指转动炒勺的方法。转勺与晃勺不同，晃勺是炒勺与原料一起转动，而转勺是炒勺转动而原料不转动。通过转勺可防止原料粘锅。

（1）操作方法

左手握住勺柄，炒勺不离灶口，快速将炒勺向左或向右转动。

（2）技术要求

手腕向左或向右转动时速度要快，否则炒勺会与原料一起转，起不到转勺的作用。

（3）适用范围

这种方法主要用于烧、扒等烹调方法，单柄炒勺、双耳锅均可使用。

二、烹调方法的分类及特征

烹调方法简而言之就是制作各种菜肴的技法。具体来说，就是将加工整理、切配成形的烹调原料，通过综合加热和调味，制成不同风味特色菜肴的操作（工艺）过程。

中式菜肴烹调方法一般按传热介质的不同分为以下三类。

1. 水传热法

水传热法可分为温水传热法和沸水传热法。用水传热法，原料可基本保持原有的质地和味道。属于水传热的烹调方法有炖、焖、爃、烧、扒、烩、汆、涮、煮、熬、卤、酱、酥等。主要特征为低温分散、渗透饱水、导热迅速均匀、无污染、无公害。

水传热法充分利用水的传热性能，施以适当的火候和调味，使菜肴成品表现出汤汁醇美、酥烂脱骨、鲜嫩爽滑等特点。

2. 油传热法

油传热法根据油所处的温度区域不同，分为温油传热法和热油传热法两种。属于油传热的烹调方法主要有炸、汆、浸、爆、烹、挂霜、煎等。除作为正式烹调方法外，油传热法还可用于原料的预熟处理，主要是滑油和过油等。油传热法具有比热大、温阈宽，干燥，保原，增香，导热迅速、均匀，为原料增加色泽及营养，易产生有害物质等特点。

3. 气传热法

气传热法包括热空气传热法和热蒸汽传热法两类。

（1）热空气传热法

热空气传热的方式包括两种：一种是在密闭的容器中加热；另一种是在半密闭的容器中加热。用烟气进行加热是一种特殊的方式，此种加热法由于易产生危害人体的物质，现已不多用。

（2）热蒸汽传热法

热蒸汽传热的方式包括两种：一种是非饱和状态的蒸汽传热，如对质嫩、茸泥状烹饪原料以及蛋制品的加热多用放汽蒸；另一种是饱和状态或过饱和状态的蒸汽传热，如常用原料的足汽蒸。此种加热法具有加热稳定、迅速、均匀，保质、保湿、保味、保形，易保证菜品卫生，调味难、入味难的特征。

三、热菜调味的基本方法

1. 腌浸调味法

腌浸调味法是利用渗透原理，使调味料与原料相结合的方法。腌浸调味法根据调味品种不同可分为盐腌法、醋渍法和糖浸法，根据腌制过程和干湿程度不同又可分为干腌法和湿腌法。腌制调味的目的有以下两个。一是调味性腌制，是让原料有一个基本味，主要适用于在加热过程中不能进行调味的菜品，如蒸菜、炸菜、烤菜等。二是改善性调味，是改变原料的风味和质地，同时使原料更方便保存和运输。腌制调味主要适用于烹饪原料的前期加工，蔬菜、禽畜类原料都可以进行腌制加工。经过如此处理的原料在烹调前一般要浸泡一定的时间，以去掉部分咸味，烹调时可采用蒸、煮、炖、焖、煨等方法。

2. 热传质调味法

热传质调味法是通过加热使调味料进入原料内部的方法。加热可以加速原料入味的速度，从而达到调味目的。

3. 烟熏调味法

烟熏调味法就是将调料与其他辅助原料加热，利用产生的烟气使原料上色并入味。常用的生烟原料有糖、米饭、茶叶等，这些原料产生的烟气主要起增香作用。因此，在烟熏前一般先要腌制，使原料有一个基本味。采用烟熏调味法时原料外表必须干燥，否则不利于烟香味的吸附。熏烟成分虽因所用的材料种类不同而略有差异，但主要成分都包括酚、甲酚等酚类化合物，甲醛、丙酮等羰基化合物以及脂酸类、醇类、糖醛类化合物等。其中，以酚类、酸类、醇类化合物对熏肉制品的香气影响最大。此外，不同的熏制方法、熏制环境都会使制品质量产生差异，例如在较低的温度下熏制时，肉类对高沸点酚类化合物的吸附将大为减少，从而也使熏肉制品的香气产生差异。

4. 包裹调味法

包裹调味法是液体或固体状态的调味料黏附于原料表面，使原料增味的调味方法。根据用料品种和操作方法的不同，包裹调味法可分为液体包裹法和固体熔化包裹法。

（1）液体包裹法

所谓液体包裹法，即淀粉受热糊化，产生黏附性，将调味料一起包裹在原料表面的方法。其具体操作方法为：将所有调料与淀粉一起调和均匀，在原料滑油后，倒入锅中与原料一起翻拌，使芡汁包裹在原料表面。

（2）固体熔化包裹法

固体熔化包裹法主要是指拔丝、挂霜两种调味方法。该法运用糖加热熔化后产生的糖液将原料包裹均匀，使挂霜的糖液在冷却后结晶成固体，将原料包裹其中，使菜品具有香、甜、脆的效果。

5. 浇汁调味法

浇汁调味法是指将调味料在锅中调配好以后，淋浇到已成熟的原料上面，使菜品带味的方法。此法主要适用于脆熘或软熘的菜肴，主要原因有两个。第一，有些原料经过剞刀以后形成了一定的造型，不便下锅翻拌，只能采用浇汁的方法调味，如菊花鱼、兰花鱼卷等。第二，有的原料因形体较大，加上菜品质地的要求，不便下锅调味，如西湖醋鱼等。

6. 粘撒调味法

粘撒调味法是指将固体粉状调料黏附于原料的表面，使菜品带味的方法。根据受热的次序又可分为生料粘撒法和熟料粘撒法。

（1）生料粘撒法

生料粘撒法是先在原料的外表面拖淀粉蛋液，再将调配好的调料粉粘撒在表层，最后进行蒸炸处理的方法。如粉蒸肉、粉蒸鸡、香粉鱼排等菜肴的制作方法均属于生料粘撒法。

（2）熟料粘撒法

熟料粘撒法是将原料制熟以后粘撒调味料的方法。如椒盐虾段就是将虾段炸好后，撒上椒盐粉末，翻拌均匀后即成。又如椰丝虾球，也是将虾球炸好后再滚上椰丝制成。

7. 跟碟调味法

跟碟调味法也称补充调味法，是将调好的调料盛装在小碟中，随同菜肴一起上桌随时取用调味的方法，该法起补充和改善菜肴口味的作用。这种调味法主要作用是弥补菜肴的口味不足，原料在加热前必须已有一定的基本口味。这种调味方法主要适用于加热过程中不便于调味的一些菜肴，经过如烤、炸、涮、煎、蒸等烹饪方法处理的菜肴均可运用该调味法。调味碟的品种可以是一种，也可以是多种，可根据喜好自行选择。椒盐、沙司、甜面酱、沙拉酱等均是常用调味碟原料。需注意的是：作为跟碟的调味料，都要经过加热及调配，以保证直接食用的安全。

技能要求

技能　翻勺（或翻锅）操作训练

工具：炒勺、手勺、毛巾。

步骤1：临灶（见图4-1）。面向炉灶，人体正面应与炉灶边缘保持一定距离，两脚分开站立，两脚与肩同宽，上身略向前倾，左手端炒勺，右手持手勺，左右手配合。

步骤2：小翻勺（见图4-2）。将炒勺中的食盐用手勺炒均匀后提炒勺连续翻动，使炒勺中的食盐翻动均匀。

步骤3：大翻勺（见图4-3）。左手提炒勺晃动，让食盐旋转起来，炒勺向后一拉，再往前一送，趁势扬起，使原料一次性翻转，最后接住原料。

图4-1　临灶

图4-2　小翻勺

图 4-3　大翻勺

培训单元 2　以水为传热介质的烹调方法——煮、汆、烧

掌握煮、汆、烧的概念和技术要求，能正确运用煮、汆、烧的烹调方法制作常见菜肴。

一、水导热的概念

水导热是以水或汤汁为主要传热介质，对食物原料进行预熟处理或者熟处理的烹调方法。水导热的烹调方法有煮、汆、烧、焖、炖、烩等，中式烹调师在初级阶段要求掌握煮、汆、烧的烹调方法。

二、煮、汆、烧的概念及技术要求

1.煮的概念及技术要求

（1）概念

煮是将原料初步熟处理后，加入大量水或汤汁，用旺火烧沸后转中火较长时间加热，使原料成熟并调味成菜的烹调方法。一般煮的水温控制在 100 ℃，加热时间为 30 min 之内，成菜汤宽，不要勾芡。煮的基本方法与烧较类似，只是最终的汤汁量比烧多。

（2）技术要求

1）注重用高汤。

2）注重调味。

3）正确掌握火候，旺火烧沸，转中火较长时间加热。

4）要掌握好汤、菜的比例。

2. 汆的概念及技术要求

（1）概念

汆是将质地脆嫩、极薄易熟的原料放入沸汤水锅内快速加热断生，一滚即起的烹调方法。汆根据介质的不同可分为水汆和汤汆两类：水汆是用温度为 90 ～ 100 ℃的清水将原料汆熟，然后加入清汤；汤汆是将汤烧沸后，直接将原料汆入汤中成菜。

（2）技术要求

1）宜选用质地脆嫩的动植物性原料。

2）刀工成形以丝、片、丁为主，要求大小、粗细均匀一致，加工成泥状的原料要去筋剁细，拌匀上劲。

3）汤汁不勾芡。

3. 烧的概念及技术要求

烧是指将加工整理切配成形的烹调原料，经煸炒、油炸或水煮等方法加热处理后，加适量的汤汁或水及调味品，慢火加热至原料熟烂入味，急火浓汁的烹调方法。烧主要用于一些质地紧密、水分较少的植物性原料和新鲜质嫩的动物性原料，如土豆、冬笋、油菜、豆腐、鸡、鱼、海参等。

烧根据操作过程不同，可分为红烧和干烧两种。在烹调中由于所用的调料和配料的不同，又有葱烧、辣烧、酱烧等，然而这些方法与红烧和干烧没有本质的区别，只是调料上或配料上的区别而已。

（1）红烧

1）概念。红烧是将经过初步熟处理的原料，加汤和酱油等有色调味品烧开后，用中火或慢火烧透入味，然后用旺火收汁勾芡成菜的烹调方法。红烧菜肴使用的有色调味品有酱油、糖色、红曲米、红腐乳、番茄酱等。

2）技术要求

①要正确掌握火候和烧制的时间。

②正确把握菜品的色泽和亮度。

③放汤要适当。

④收汁前一定要适当调整汤汁的量，切忌造成汁干粘锅。同时，要注意保持菜肴形态完整。

（2）干烧

1）概念。干烧是将原料过油后，炝锅加主料、调味品和鲜汤用旺火烧开，再转小火将其烧透，然后自然收浓汤汁成菜的方法。干烧菜肴使用的有色调味品主要有酱油、豆瓣酱、泡红椒等。

2）技术要求

①选择富有糯性、质感细嫩、滋味鲜美的原料。

②原料一般以条、块和自然形态为主。

③一定要掌握好加工方法和加工的程度。

④添汤量要适当，应根据原料的性质和烧制时间灵活掌握。

⑤合理调味、调色，要掌握调色的深浅、调味品之间的配合及其加入的顺序等。

⑥收汁应在干烧的原料基本符合烹调要求时进行。

技能要求

技能 1　煮制菜肴制作——大煮干丝

一、操作准备

1. 原料

原料及用量见表 4-1。

表 4-1　原料及用量　　　　　　　　　　　　　　　g

原料	用量	原料	用量	原料	用量
方豆腐干	500	熟鸡肝	25	精盐	4

续表

原料	用量	原料	用量	原料	用量
熟鸡脯肉	50	冬笋	25	鸡清汤	500
熟火腿	25	水发香菇	20	熟猪油	100
鲜虾仁	50	豆苗	15	鸡蛋清	10
熟鸡肫	15	虾子	15	干淀粉	15

2. 设备与器具

操作台、炉灶、炒锅、炒勺、菜刀、砧板、碗、盆等。

二、操作步骤

步骤1　刀工处理

（1）将方豆腐干平片成薄片，每块片出约18片，再切成细丝（即干丝）。

（2）将鸡脯肉、火腿、冬笋、香菇切成与干丝粗细相仿的细丝，将鸡肫、鸡肝切成小片。

（3）虾仁挤净水分，加鸡蛋清、干淀粉、1 g精盐上浆。

步骤2　预处理

（1）将切好的干丝放入沸水中，用筷子轻轻拨散浸烫后沥去水，再用沸水浸烫2~3次至干丝回软，捞出轻轻挤去干丝中的水分，以去除异味。

（2）炒锅上火烧热，加入熟猪油80 g，倒入上浆的虾仁滑至断生后，倒出沥油，放碗中备用。锅中加沸水，放入豆苗焯水至断生捞出。

步骤3　烹制

将炒锅放在火上，加入鸡清汤并放入烫好的干丝，将鸡肫片、鸡肝片、鸡丝、冬笋丝、香菇丝放在干丝一边，并加入虾子、20 g熟猪油，煮沸约10 min，至汤汁浓厚时，加精盐3 g，盖上锅盖继续煮约5 min，离火。然后将干丝、鸡丝盛入玻璃汤盘中，将鸡肫、鸡肝、冬笋、香菇、豆苗分盛于干丝周围，上面放火腿、虾仁即成，成品如图4-4所示。

图 4-4　大煮干丝

三、操作要点

1. 干丝不能片得太厚或太薄，厚度要均匀。

2. 烫干丝时要反复用沸水烫 2 ~ 3 次，以使干丝柔软，并除去异味。

3. 煮时火力不要太旺，汤汁要浓厚，干丝要柔嫩绵软。

四、质量要求

色泽美观，滋味鲜香、醇厚，口感绵软柔嫩。

技能 2　汆制菜肴制作——汆丸子

一、操作准备

1. 原料

原料及用量见表 4-2。

表 4-2　原料及用量 ⠀⠀⠀⠀⠀⠀⠀⠀⠀⠀g

原料	用量	原料	用量	原料	用量
猪里脊肉	300	鸡蛋清	20	料酒	10
水发木耳	15	清汤	400	葱姜水	50
青菜心	20	精盐	5	鸡油	5
水发海米	15	味精	3		

2. 设备与器具

操作台、炉灶、炒锅、炒勺、菜刀、砧板、碗、盆等。

二、操作步骤

步骤 1　刀工处理

将猪里脊肉剁成细泥，先加清汤、葱姜水搅开，再依次放入鸡蛋清、味精、料酒搅打均匀，最后放入适量的精盐搅打上劲。

步骤 2　预处理

将水发木耳和青菜心切成小片，用开水略烫，捞出用冷水过凉。

步骤 3　烹制

（1）铁锅内加入清汤烧开，移至小火上，将调好的肉馅挤成直径约 1.5 cm 的丸子，放入汤内，氽至嫩熟，捞出盛在汤碗内。

（2）原汤加入精盐、味精、料酒、青菜心、木耳、水发海米烧开，撇去浮沫，淋上鸡油，浇在盛丸子的汤碗内即成，成品如图 4-5 所示。

图 4-5　氽丸子

三、操作要点

1. 搅打肉馅时应先加汤搅匀，后加盐搅打上劲，以肉丸能漂浮于凉水表面为好。

2. 氽丸子时火力不能太大，用小火使汤保持微开状态为好。

四、质量要求

丸子大小均匀，汤汁清澈，鲜嫩爽口，营养丰富。

技能 3　红烧菜肴制作——红烧肉

一、操作准备

1.原料

原料及用量见表4-3。

表 4-3　原料及用量　　　　　　　　　　g

原料	用量	原料	用量	原料	用量
带皮五花肉	500	料酒	20	鲜汤	1 000
水发冬笋	30	酱油	20	色拉油	50
油菜心	25	白糖	25	糖色	5
葱、姜	各20	八角	20	湿淀粉	5
精盐	5	桂皮	5		
味精	3	香叶	2		

2.设备与器具

操作台、炉灶、炒锅、炒勺、菜刀、砧板、碗、盆等。

二、操作步骤

步骤 1　刀工处理

将带皮五花肉切成边长 2 cm 的块，将水发冬笋切块，将葱切段、姜切片。

步骤 2　预处理

将切好的肉块放入冷水锅内焯水洗净，将油菜心放入沸水锅中焯水备用。

步骤 3　烹制

（1）将锅置于旺火上，加色拉油，烧至六成热时下葱段、姜片、八角、桂皮、香叶炒香，放入肉块先煸炒几下，再加料酒、精盐、酱油、白糖、糖色煸至透。

（2）注入鲜汤烧沸，撇去浮沫，转小火慢烧 1 h，待肉酥烂入味后，转入大火，加入味精、湿淀粉收浓汤汁勾芡即可，成品如图 4-6 所示。

图 4-6　红烧肉

三、操作要点

1. 应洗净肉上污垢，切块大小均匀。

2. 正确掌握火候。

3. 烧制时间根据肉的老嫩而定。

四、质量要求

色泽红亮，皮软肉烂，肥而不腻。

技能 4　干烧菜肴制作——干烧冬笋

一、操作准备

1. 原料

原料及用量见表 4-4。

表 4-4　原料及用量　　　　　　　　　　　　　　　　　　g

原料	用量	原料	用量	原料	用量
冬笋	500	白糖	10	花椒	2
榨菜丁	50	酱油	20	豆瓣酱	20

原料	用量	原料	用量	原料	用量
精盐	2	糖色	5	葱、姜	各10
味精	2	香菜	5	色拉油	750
料酒	10	干辣椒	5		
芝麻油	5	清汤	200		

2.设备与器具

操作台、炉灶、炒锅、炒勺、菜刀、砧板、碗、盆等。

二、操作步骤

步骤1　刀工处理

（1）将冬笋放入铁锅内，加水煮透，放入凉水内过凉、浸泡后，取出控干水分，切成滚料块。

（2）将香菜切段；将葱、姜分别去皮洗净，葱切花、姜切末；将豆瓣酱剁细。

步骤2　预处理

将色拉油倒入铁锅内，烧至七八成热时，把冬笋放入锅内炸至金黄色捞出备用。

步骤3　烹制

铁锅内倒入色拉油，先加榨菜丁煸炒，下豆瓣酱、葱、姜、干辣椒、花椒炒出香味，再加入清汤、糖色、酱油、料酒、白糖、精盐、冬笋，大火烧开，再改用小火煨至汤汁浓稠，加味精并放入香菜段，再转旺火收干汤汁，淋上芝麻油翻拌均匀，装盘即成，成品如图4-7所示。

图4-7　干烧冬笋

三、操作要点

1. 过油时间不应过长。

2. 应正确掌握火候。

四、质量要求

色泽红亮，口味咸鲜香、微辣。

培训单元 3　以油为传热介质的
烹调方法——炸、炒

掌握炸、炒的概念和技术要求，能正确运用炸、炒的烹调方法制作常见菜肴。

一、油导热的概念

油导热是以食用油为主要传热介质，对食物原料进行预熟处理或者熟处理的烹调方法。油导热的烹调方法有炸、炒、爆、熘等，中式烹调师在初级阶段要求掌握炸、炒的烹调方法。

二、炸、炒的概念及技术要求

1. 炸的概念及技术要求

炸是指将经过加工处理的原料，经调味、挂糊（也可不挂糊）后，投入放有大量油的热油锅中加热成熟，使菜肴成品具备特殊颜色和质感的烹调方法。炸是最常用的烹调方法之一，也是初步熟处理的一种重要方法，按照炸制工艺不同可以分为干炸、软炸、清炸、香炸、酥炸、脆炸、松炸、纸包炸等。中式烹调师在初级阶段要求重点掌握干炸、软炸、清炸三种烹调方法。

（1）干炸

1）概念。干炸是将经刀工处理的原料，在加调味品腌制并拍上干淀粉或挂糊后，投入盛有较高温油的锅中炸制成熟的烹调方法。

2）技术要求

①原料烹制前要调匀口味。

②调糊要均匀，稠度要适宜。

③原料挂糊要均匀，将原料全部包裹。

④一般采用湿淀粉糊或全蛋淀粉糊。

⑤下料时将原料逐块放入热油（中温油），以温油炸熟，再以高温油促炸出菜。

（2）软炸

1）概念。软炸是指将质嫩原料加工成一定形状，经调味后，挂蛋液面粉糊，投入热油锅内炸制成熟的烹调方法。

2）技术要求

①必须选用鲜嫩无骨的原料，加工成均匀形状。

②原料一般都要先剞花刀，再切成形。

③调糊要均匀，应比干炸糊略稀，挂在原料上要薄而均匀。

④要控制好油温。

（3）清炸

1）概念。清炸是指将加工成形的原料加调味品腌制入味，不挂糊、不上浆（有的裹干粉）投入高温油锅内急火加热成熟的烹调方法。

2）技术要求

①应选用新鲜易熟的原料。

②炸前要腌制入味。

③掌握好炸制的油温。

④原料形状应均匀。

⑤控制炸制的时间。

（4）香炸

1）概念。香炸是指将加工过的原料用调味品腌制、拖糊后蘸上一些增香原料，再用旺火热油炸制成熟的烹调方法。

2）技术要求

①必须选用鲜嫩、无骨、易熟的原料。

②必须选用咸味面包或馒头去净表皮，切粗渣。

③必须用慢火温油炸制。

（5）酥炸

1）概念。酥炸是指把加工好的烹饪原料挂上酥炸糊或煮酥、蒸酥后，放入热油锅内炸制成熟的烹调方法。

2）技术要求

①注意炸制的油温。

②原料腌制要入味。

③原料成熟后表面应酥松。

④注意菜品的色泽。

（6）脆炸

1）概念。脆炸是指将经过刀工处理的原料裹脆浆或抹上饴糖等晾干后，放入热油锅炸熟的烹调方法。

2）技术要求

①原料表面挂浆应均匀。

②加热油温不可过低。

（7）松炸

1）概念。松炸是指选用软嫩无骨的原料加工成片、条或块状，经调味并挂上蛋泡糊后，用中火温油炸熟的烹调方法。

2）技术要求

①应选择新鲜易熟的原料。

②应以低油温为宜，油量要充足。

③蛋泡糊要松软均匀，挂糊要均匀。

④火候要选择小火，不可选择旺火，不可炸至变色。

（8）纸包炸

1）概念。纸包炸是指使用糯米纸或玻璃纸等将原料卷上或包上后，入温油锅炸熟的烹调方法。

2）技术要求

①正确掌握好油温。

②炸制火力不可过大。

③炸制前须在包纸上扎小洞，防止炸时爆裂。

④炸制时要轻轻翻动原料。

2. 炒的概念及技术要求

炒是指以油为传热介质，将加工过的鲜嫩且较小的烹饪原料用旺火短时间加热、调味成菜的烹调方法。根据炒制工艺用油量的多少、上浆或不上浆、上浆的厚薄、勾芡与否、生料或熟料、加热时间的长短、菜肴成品的特点和要求，炒可分为生炒、熟炒、滑炒、干炒、爆炒、软炒等。中式烹调师在初级阶段要求重点掌握生炒、熟炒、滑炒三种烹调方法。

（1）生炒

1）概念。生炒又称煸炒、生煸等，是指将经加工整理、质地脆嫩、不易散碎、以植物为主的原料，不经上浆、滑油，直接用旺火少油量翻炒至熟的烹调方法。

2）技术要求

①生炒时原料加工要均匀精细，一般以丝、片为主。

②生炒时火力要旺，加热时间要根据原料的成熟度而定，一般以原料断生为佳。

③生炒时单一主料应一次下锅，多种原料要根据原料的性质先后下锅。

④菜肴成熟时，锅内不得出现大量的汤汁。

（2）熟炒

1）概念。熟炒是指将经过熟处理的原料刀工处理成丝、片、条等形状后，直接用旺火少油量翻炒成菜的烹调方法。

2）技术要求

①原料先要水煮至断生再用刀工处理，一般处理成片状，大多数菜肴中加有配料。

②炒时锅内油量要适中，不宜过多或过少，否则菜肴质量将受到影响。

③原料下锅后要急速煸炒，通常不勾芡。

④菜肴口味以咸鲜、鲜辣等复合味为主。

（3）滑炒

1）概念。滑炒是指将经精细刀工处理的动物性原料，加工成丝、片、丁、末、粒等小的形状或剞花刀后改为条块状，经上浆后用中油量滑油断生，而后调味勾芡炒制的烹调方法。

2）技术要求

①滑炒的原料一般选用质地细嫩、去皮、去骨、无筋的原料，需加工成细丝、片、丁等进行滑油。

②滑油时为了防止粘锅必须用热锅温油。少量主料应一次滑油，大量主料应分次滑油。

③菜肴芡汁的多少应根据主料的多少决定。

（4）干炒

1）概念。干炒是指用少量的油和中等火力，将经过刀工处理的丝、条、片、末状原料在锅中直接煸炒，直至原料内部水分煸干、调味料充分渗入原料内部的烹调方法。

2）技术要求

①原料一般选用质地细嫩、去皮、去骨、无筋的原料，需加工成细丝、薄片、末等形状。

②干炒时锅内的油要适量，否则菜肴质量会受到影响。

③原料下锅时要注意火候，用中火、温油久煸，不断翻炒，直至煸干水分，在此期间应酌情调味，使菜肴具有酥软柔韧的口感，并具有麻辣、咸鲜、香浓等风味特色。

（5）爆炒

1）概念。爆炒是指将熟处理后的脆性无骨原料加工成一定形状，以中量油为传热介质，用旺火快速加热的烹调方法。

2）技术要求

①必须选用脆性无骨原料。

②必须用旺火炒，并正确掌握火候。

③芡汁应全部包紧原料，成菜后无多余芡汁。

（6）软炒

1）概念。软炒是指将鲜嫩的原料加工成流动或半流动状态，投入有少量底油的热锅内，慢火翻炒入味成菜的烹调方法。

2）技术要求

①原料一般都先加工成糊状。

②铁锅应先烧热加少量底油，再放入原料。

③一般采用慢火推炒。

技能要求

技能1　干炸菜肴制作——干炸丸子

一、操作准备

1. 原料

原料及用量见表4–5。

表4–5　原料及用量

g

原料	用量	原料	用量	原料	用量
猪五花肉	200	味精	5	葱、姜	各10
湿淀粉	150	料酒	10	色拉油	1 000
精盐	5	椒盐	5	鸡蛋	50

2. 设备与器具

操作台、炉灶、炒锅、炒勺、菜刀、砧板、碗、盆等。

二、操作步骤

步骤1　刀工处理

将猪五花肉剁成茸放入碗内，葱切花、姜切末备用。

步骤2　预处理

将葱花、姜末、精盐、味精、料酒、鸡蛋、湿淀粉放入肉茸中，搅匀成馅。

步骤3　烹制

将炒锅置于旺火上，加色拉油烧至五成热，用手把肉馅挤成直径约为2 cm的丸子，放入油内炸至呈金黄色时捞出，再把油烧至七八成热，把丸子下油快速炸一下，捞出沥油，装盘带椒盐即可，成品如图4–8所示。

图 4-8　干炸丸子

三、操作要点

1. 肉馅要搅打上劲，口味适中。

2. 挤丸子的动作要协调熟练，丸子大小均匀。

3. 掌握炸制的油温。

4. 控制炸制时丸子的色泽变化。

四、质量要求

色泽金黄，外焦里嫩。

技能 2　软炸菜肴制作——软炸虾仁

一、操作准备

1. 原料

原料及用量见表 4-6。

表 4-6　原料及用量　　　　　　　　　　　　　　　　g

原料	用量	原料	用量	原料	用量
鲜虾仁	250	干淀粉	150	色拉油	1 000
精盐	2	鸡蛋清	20	葱、姜	各 5
味精	2	椒盐	5	料酒	10

2.设备与器具

操作台、炉灶、炒锅、炒勺、菜刀、砧板、碗、盆等。

二、操作步骤

步骤1　刀工处理

将鲜虾仁清除虾肠并洗净，葱、姜切丝。

步骤2　预处理

（1）用精盐、味精、料酒、葱丝、姜丝腌制虾仁。

（2）用鸡蛋清、干淀粉调蛋清糊备用。

步骤3　烹制

（1）锅上火，加入色拉油，将油烧至五成热时，将虾仁挂上蛋清糊入锅炸制，成熟捞出。

（2）将油烧至七成热时，再放入虾仁复炸至浅黄色捞出，成品如图4-9所示。

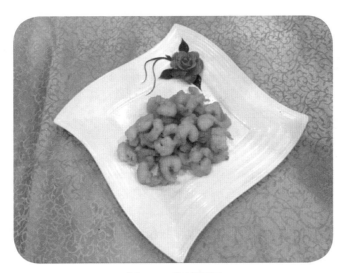

图4-9　软炸虾仁

三、操作要点

1. 要选择新鲜的虾仁。

2. 蛋清糊要调制均匀。

3. 油温不要过高。

四、质量要求

色泽浅黄，外酥里嫩，味道鲜美。

技能 3　清炸菜肴制作——炸鸡翅

一、操作准备

1. 原料

原料及用量见表 4-7。

表 4-7　原料及用量　　　　　　　　　　　　　g

原料	用量	原料	用量	原料	用量
鸡翅	500	酱油	5	姜	10
精盐	5	椒盐	20	葱	10
味精	3	色拉油	1 000	料酒	15

2. 设备与器具

操作台、炉灶、炒锅、炒勺、菜刀、砧板、碗、盆等。

二、操作步骤

步骤 1　刀工处理

葱切段，姜切片。

步骤 2　预处理

将鸡翅洗净后用葱段、姜片、精盐、味精、酱油、料酒腌制入味备用。

步骤 3　烹制

（1）锅上火，加入色拉油，烧至七成热时放入鸡翅，炸至断生捞出。

（2）将油烧至约八成热，再放入鸡翅复炸，捞出装盘，随椒盐味碟一同上桌，成品如图 4-10 所示。

三、操作要点

1. 使用的鸡翅大小应尽量一致。

2. 应注意炸制时的油温，不要过高或过低。

3. 控制炸制的时间和色泽变化。

图 4-10　炸鸡翅

四、质量要求

色泽枣红，口味咸鲜、清香。

技能 4　生炒菜肴制作——炒苜蓿肉

一、操作准备

1. 原料

原料及用量见表 4-8。

表 4-8　原料及用量　　　　　　　　　　　　　　　　g

原料	用量	原料	用量	原料	用量
猪外脊肉	200	大蒜	15	葱、姜	各10
鸡蛋	100	精盐	5	色拉油	50
干黄花菜	50	味精	5	芝麻油	5
水发木耳	25	料酒	10		

2. 设备与器具

操作台、炉灶、炒锅、炒勺、菜刀、砧板、碗、盆等。

二、操作步骤

步骤 1 刀工处理

（1）先把猪外脊肉片成 0.3 cm 厚的大片，排在菜墩上，再顺切成长 6 cm 的丝。

（2）将干黄花菜泡发后切成段，木耳切丝，大蒜斜切成段，葱、姜切末备用。

步骤 2 预处理

把鸡蛋打入碗内，放入精盐、味精，搅匀备用。

步骤 3 烹制

净锅烧热，加入色拉油，用葱、姜末爆锅，将肉丝入锅煸炒，烹上料酒，将黄花菜段、大蒜段、木耳丝放入锅中与肉丝一起煸炒，然后把搅匀的蛋液倒入锅中和肉丝等原料混合在一起，慢火推炒，使蛋液均匀包裹在肉丝上，加入精盐、味精调味，淋上芝麻油出锅即成，成品如图 4-11 所示。

图 4-11　炒苜蓿肉

三、操作要点

1. 肉片大小要均匀，切丝时要顺丝切。

2. 控制好火候，不可过老或不熟。

四、质量要求

色泽淡黄，口味咸鲜。

技能 5　熟炒菜肴制作——回锅肉

一、操作准备

1. 原料

原料及用量见表 4-9。

表 4-9　原料及用量　　　　　　　　　　　　　　　　　g

原料	用量	原料	用量	原料	用量
猪五花肉	300	豆瓣酱	25	色拉油	50
蒜苗	50	酱油	2	葱、姜	各10
豆豉	10	白糖	5	红油	5
甜面酱	10	料酒	10		

2. 设备与器具

操作台、炉灶、炒锅、炒勺、菜刀、砧板、碗、盆等。

二、操作步骤

步骤 1　预处理

将猪五花肉洗净，煮至八成熟后捞出晾凉备用。

步骤 2　刀工处理

（1）将熟猪五花肉切成 5 cm×4 cm×0.3 cm 的大片。

（2）将豆瓣酱剁细。

（3）将蒜苗切成 3 cm 长的段，葱、姜切末。

步骤 3　烹制

锅上火，加入色拉油烧至五成热，下入肉片炒至其吐油并呈灯盏窝状时，放入葱姜末、豆瓣酱炒至上色，再放蒜苗段、甜面酱、豆豉、酱油、料酒、白糖炒至成熟，淋上红油装盘，成品如图 4-12 所示。

图 4-12　回锅肉

三、操作要点

1. 猪肉不宜煮得过烂或过硬，煮至约八成熟为宜。

2. 切片要均匀，厚薄一致。

3. 掌握火候，中火成菜，要求肉片呈灯盏窝状。

4. 应注意调味品投放的比例。

四、质量要求

色泽红润，鲜香味浓，咸辣微甜。

技能 6　滑炒菜肴制作——滑炒鱼米

一、操作准备

1. 原料

原料及用量见表 4-10。

表 4-10　原料及用量　　　　　　　　　　　　　　　　　　g

原料	用量	原料	用量	原料	用量
净草鱼肉	250	精盐	5	色拉油	750
青椒	15	味精	5	鸡蛋清	20
胡萝卜	15	葱、姜	各10	湿淀粉	15

2. 设备与器具

操作台、炉灶、炒锅、炒勺、菜刀、砧板、碗、盆等。

二、操作步骤

步骤1　刀工处理

将草鱼肉、青椒、胡萝卜切成绿豆大小的粒。

步骤2　预处理

用精盐、葱姜水、鸡蛋清、湿淀粉将鱼肉粒上浆备用。

步骤3　烹制

将色拉油烧至四成热，下入上浆的鱼肉粒滑散，再下青椒粒、胡萝卜粒，待鱼肉粒颜色变白即可倒入漏勺沥油。锅中加适量水，随即下精盐、味精、鱼肉粒、青椒粒、胡萝卜粒，用水淀粉勾芡，颠翻几下，淋油即可出锅装盘，成品如图4-13所示。

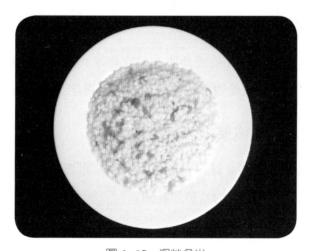

图4-13　滑炒鱼米

三、操作要点

1. 鱼肉粒应刀工整齐，大小一致。

2. 控制好滑油的温度。

3. 芡汁紧裹，做到明油亮芡。

四、质量要求

鱼肉粒色泽洁白，鲜嫩爽滑。

培训单元 4 以汽为传热介质的烹调方法——蒸

掌握蒸的概念和技术要求，能正确运用蒸的烹调方法制作常见菜肴。

一、汽导热的概念

汽导热是以水蒸气为主要传热介质，对食物原料进行预熟处理或者熟处理的烹调方法。以汽导热的方式处理食物原料对应的烹调方法以蒸为主。

二、蒸的概念及技术要求

蒸是指把经过调味后的烹饪原料放在器皿中，再置入蒸笼利用蒸汽使其成熟的烹调方法。蒸制工艺主要分为清蒸和粉蒸。

1. 清蒸

（1）概念

清蒸是指将精细加工的原料先用调味品腌制入味，然后加配料和鲜汤，再上笼蒸熟成菜的烹调方法。

（2）技术要求

1）清蒸对于原料的新鲜程度要求较高，加工要求精细。

2）掌握好火候。应根据成菜质地决定其蒸制方法，清蒸可以分为旺火沸水速蒸、旺火沸水长时间蒸、中火沸水慢蒸、小火沸水保温蒸四种。旺火沸水速蒸适用于质地细嫩易熟的原料，要求火旺、水宽、气足，使菜肴快速成熟；旺火沸水长时间蒸适用于原料质地老韧、体大形整需蒸至熟软的菜肴，要求长时间保持火旺气足，不能间断，一般为 2 ~ 3 h，具体应根据原料情况而定；中火沸水慢蒸适用于经过细致加工装饰定形，需保持鲜嫩的菜肴，要求火力适中，气量中等，使原料缓慢受热变熟；小火沸水保温蒸适用于某些保温菜肴，蒸制不为制熟，而是为加热保温，要求火力小，气不宜太足，菜肴热透即可。

3）清蒸类菜肴最好放在蒸笼的上层，以防蒸制时被上层其他菜肴汤汁污染色泽和串味。

4）准确把握蒸制时间。

2. 粉蒸

（1）概念

粉蒸是指将加工腌味的原料上浆（不上浆也可）后，裹上一层熟米粉中火蒸制成菜的烹调方法。

（2）技术要求

1）要选择质地老韧无筋、鲜香味足、肥瘦相间的原料，或质地细嫩无筋、清香味鲜、受热易熟的原料。

2）粉蒸菜肴原料需要先经调味品浸渍，成菜后口感才好。

3）一般将大米用小火炒至微黄，晾凉再磨成米粉。拌米粉时，要根据原料的质地老嫩、肥瘦比例来确定米粉的用量。

技能要求

技能 1　清蒸菜肴制作——清蒸鳜鱼

一、操作准备

1. 原料

原料及用量见表 4-11。

表 4-11 原料及用量   g

原料	用量	原料	用量	原料	用量
鳜鱼	750	精盐	5	味极鲜酱油	10
葱	50	味精	4	色拉油	50
姜	30	料酒	10		

2.设备与器具

操作台、炉灶、炒锅、炒勺、菜刀、砧板、碗、盆等。

二、操作步骤

步骤 1 刀工处理

（1）将鳜鱼宰杀，去鳞、鳃及内脏，洗净。

（2）葱切丝、段，姜切片。

步骤 2 预处理

用刀在鳜鱼的脊背两面剖上柳叶花刀，放上精盐、味精、料酒、葱段、姜片。

步骤 3 烹制

（1）将鳜鱼放入盘中，入旺火沸水蒸笼中蒸 8 min 至熟，除去葱段、姜片，淋上味极鲜酱油。

（2）锅内加适量油烧热，鱼身上放葱丝，将热油浇在鱼身上即成，成品如图 4-14 所示。

图 4-14 清蒸鳜鱼

三、操作要点

1. 应选新鲜的鳜鱼。

2. 应注意蒸制的火候，确保鱼肉质地鲜嫩。

3. 蒸制过程中途不能开笼盖。

四、质量要求

肉质鲜嫩，原汁原味。

技能 2 粉蒸菜肴制作——粉蒸肉

一、操作准备

1. 原料

原料及用量见表 4-12。

表 4-12 原料及用量   g

原料	用量	原料	用量	原料	用量
带皮五花肉	500	料酒	15	葱、姜	各20
大米	100	酱油	50	花椒	10
糯米	50	味精	4	八角	10
甜面酱	30	白糖	10	桂皮	10

2. 设备与器具

操作台、炉灶、炒锅、炒勺、菜刀、砧板、碗、盆等。

二、操作步骤

步骤 1 刀工处理

（1）将五花肉洗净，将毛清理干净。

（2）将五花肉切成 8 cm×4 cm×0.5 cm 的大片。

步骤 2 预处理

（1）用中火将锅烧热，放大米、糯米、花椒、八角、桂皮，炒至米呈淡黄色倒出晾凉，留花椒，捡出八角和桂皮备用。

（2）将晾凉的米倒入研磨机，磨成粗粉状。

（3）将切好的肉片放进碗里，放入酱油、料酒、甜面酱、白糖、味精、葱姜丝以及炒好的八角、桂皮调至均匀，腌制 60 min 以上，使其均匀入味。

（4）肉腌好后将所有腌料拣出，倒入米粉拌均匀，使每片肉都裹上米粉，取一个浅一点的碗（抹一点油），将肉片依次摆放在碗里，肉皮朝下但不要摆得太紧。

步骤 3　烹制

锅里加足水，将盛肉的碗放入笼内，盖好锅盖，大火烧开后转中火，蒸 90 min，取出扣入盘内即可，成品如图 4-15 所示。

图 4-15　粉蒸肉

三、操作要点

1. 要选择带皮五花肉，肉一定要蒸烂。

2. 应掌握好蒸制时间。

四、质量要求

肉质糯烂，色泽红润，米香浓郁。

培训项目 ② 冷菜制作

培训单元 1　冷制冷食菜肴的烹调方法——炝、拌、腌

掌握炝、拌、腌的概念和技术要求，能正确运用炝、拌、腌的烹调方法制作常见的冷制冷食菜肴。

冷制冷食菜肴就是由经过初步加工的烹饪原料调制成的，在常温下可以直接食用的菜品。这类冷菜在加工时对卫生要求非常高，餐具、用具、原料都必须进行消毒处理。制作此类菜品的烹调方法主要有炝、拌、腌。

一、炝

1.概念

炝是指将加工成丝、条、片、丁等形状的生料用沸水烫至断生或用温油滑熟后捞出，沥干水分或油分，趁热或晾凉后，加入调味品制成菜品的烹调方法。

2.技术要点

（1）经过刀工处理的原料要整齐均匀，不连刀。

（2）植物性原料在熟处理时，一般要先焯水然后晾凉炝拌。动物性原料要上浆，既可滑油，也可汆烫。滑油用的蛋清淀粉浆干湿薄厚要恰当，油温在三四成热时下锅；汆烫的原料用的蛋清淀粉浆应干一点、厚一点，待水沸时再下锅。

（3）原料熟处理时的火候要适中，待原料断生即可，过老或过生都会影响炝制菜肴的风味。

（4）原料在熟处理后即可趁热炝制，也可晾凉后再炝制，但动物性原料以趁热炝制为好。原料炝制拌味后，应待味汁浸润渗透入味再装盘上桌。

（5）原料若不经过熟处理，则必须采用一定的方法以保证成菜卫生以及食用安全。

二、拌

拌就是将经过加工处理的新鲜生料切成细薄小料码入盘内，调以各种味型的味汁拌匀成菜的烹调方法。按原料的生熟程度可分为生拌、熟拌、混合拌等。

1. 生拌

（1）概念

生拌一般是指选用新鲜且嫩度好的动植物原料，在原料加工好后不进行加热，直接调味拌匀的烹调方法。

（2）技术要点

1）选用原料要新鲜、脆嫩。

2）加工精细，刀工均匀。

3）调味准确，拌制均匀。

2. 熟拌

（1）概念

熟拌是指将经过加工整理的原料用煮、汆等烹调方法烹制成熟，切配后加入调味品及辅料，拌制均匀，装盘成菜的烹调方法。

（2）技术要点

1）选用原料要新鲜。

2）加工成熟度要恰到好处。

3）注意质地、形状的配合。

4）调味准确，拌制均匀。

三、腌

1.概念

腌是指将原料置于某种调味汁中，利用盐、糖、醋、酒等的渗透作用，使其入味的烹调方法。腌制成品脆嫩清爽，风味独特。按调味汁不同，腌可分为盐腌、醉腌、糟腌、糖醋腌等。腌通过渗透使原料入味，而渗透是需要一定时间的，腌制的时间要视原料及成品菜肴的不同要求而确定。

2.技术要点

（1）含水分少的原料要加水腌，含水分多的原料应用干调料擦抹腌制。

（2）腌制的时间不宜过长，咸味不能过重，以定味和能去除水分、涩味为度。

（3）蔬菜类原料腌制后，必须用清水淘洗去除盐分，方可调拌。腌制后的动物性原料在食用前必须用清水泡掉苦涩味，方可加工使用。

技能要求

技能 1　炝制菜肴制作——炝腰片

一、操作准备

1.原料

原料及用量见表 4–13。

表 4–13　原料及用量　　　　　　　　　　　　　　　　　　　g

原料	用量	原料	用量	原料	用量
新鲜猪腰	300	小红椒	5	料酒	3
嫩黄瓜	50	小青椒	5	芝麻油	5
姜	5	花椒	8	味精	2
大蒜	5	精盐	3	味极鲜酱油	5

2. 设备与器具

操作台、炉灶、炒锅、炒勺、菜刀、砧板、碗、盆等。

二、操作步骤

步骤1 刀工处理

将猪腰放在菜墩上，用刀从中间片开，并片去腰臊和白筋，打上梳子花刀后片成 0.3 cm 厚的片；黄瓜切成薄片；姜切末；大蒜剁成蓉；小红椒、小青椒切成小段。

步骤2 预处理

锅内放清水烧开，将腰片放入氽至嫩熟，捞出后用冷开水过凉，控干水分放入碗内备用。

步骤3 烹制

（1）将味极鲜酱油、精盐、味精、料酒、姜末、蒜蓉、黄瓜片、青红椒段和腰片搅拌均匀。

（2）锅内放入芝麻油、花椒加热，炸出麻香味后捞出花椒，把热花椒油浇入拌好的腰片碗内，加盖焖 10 min 即成，成品如图 4-16 所示。

图 4-16 炝腰片

三、操作要点

1. 必须选择新鲜猪腰。

2. 应掌握氽制时间，腰片质地不能过老。

3. 热花椒油要炝制入味。

四、质量要求

色泽美观，口味咸鲜，麻香爽脆。

技能 2　生拌菜肴制作——糖拌西红柿

一、操作准备

1. 原料

原料及用量见表 4-14。

表 4-14　原料及用量　　　　　　　　　　　　　　　　g

原料	用量	原料	用量
新鲜西红柿	400	白糖	100

2. 设备与器具

操作台、炉灶、炒锅、炒勺、菜刀、砧板、碗、盆等。

二、操作步骤

步骤 1　预处理

将西红柿洗净后用沸水稍烫剥去外皮，并削去底部的蒂。

步骤 2　刀工处理

将加工好的西红柿切成 0.5 ～ 0.8 cm 厚的片。

步骤 3　烹制

将西红柿片整齐地码放在盘中，上桌前撒上白糖即可，成品如图 4-17 所示。

图 4-17　糖拌西红柿

三、操作要点

1. 应选择自然成熟的西红柿。

2. 注意西红柿皮烫制的时间不宜过长。

3. 白糖放的时间不宜太早，应现吃现撒。

四、质量要求

口味甜酸，营养丰富。

技能 3　熟拌菜肴制作——麻汁豆角

一、操作准备

1. 原料

原料及用量见表 4-15。

表 4-15　原料及用量　　　　　　　　　　　　　　　　　　g

原料	用量	原料	用量	原料	用量
豆角	500	精盐	5	芝麻油	10
大蒜	20	味精	2		
麻汁	50	白糖	5		

2. 设备与器具

操作台、炉灶、炒锅、炒勺、菜刀、砧板、碗、盆等。

二、操作步骤

步骤 1　刀工处理

将豆角去头、蒂，切成 4 cm 长的段。

步骤 2　预处理

（1）将豆角放入热水锅中焯熟，捞出凉透。

（2）将大蒜捣碎成泥。

步骤 3　烹制

将精盐、味精、白糖、麻汁、蒜泥、芝麻油调匀制成调味汁，浇在豆角上即可，成品如图 4-18 所示。

图 4-18　麻汁豆角

三、操作要点

1. 豆角长短要一致。

2. 豆角必须要煮熟。

四、质量要求

口味咸鲜，麻汁味浓。

技能 4　腌制菜肴制作——酸辣白菜

一、操作准备

1. 原料

原料及用量见表 4-16。

表 4-16　原料及用量　　　　　　　　　　　　　　　　　g

原料	用量	原料	用量	原料	用量
白菜	1 000	干辣椒	10	白糖	200
红辣椒	10	姜	10	白醋	30
青辣椒	10	精盐	30	芝麻油	50

2. 设备与器具

操作台、炉灶、炒锅、炒勺、菜刀、砧板、碗、盆等。

二、操作步骤

步骤 1　刀工处理

将白菜切成长 3.5 cm、宽 1.5 cm 的段，干辣椒洗净切段，姜和青辣椒、红辣椒切丝备用。

步骤 2　预处理

（1）将切好的白菜装入大盒内，撒上精盐拌匀。待腌出水分时，用凉开水冲去盐味，捞出攥干水分，再装入盆内。

（2）将辣椒丝、姜丝均匀撒在白菜上，将白糖、白醋、精盐调匀成汁倒入白菜盆中。

步骤 3　烹制

锅内放入芝麻油，烧至五成热时，放入干辣椒段，炸出香味后，浇在白菜上，放上盖子腌制入味，拌匀装盘即可，成品如图 4-19 所示。

图 4-19　酸辣白菜

三、操作要点

1. 白菜腌制后，须用凉开水冲净盐分，否则容易出现苦味。

2. 要掌握好腌制的时间。

3. 调味要准确。

四、质量要求

酸辣适口，质地爽脆。

培训单元 2　单一主料冷菜的拼盘及成形工艺

掌握单一主料冷菜拼摆的技术要求，能够熟练完成单一主料冷菜的拼摆。

一、单一主料冷菜装盘的方法

1. 铺

铺，即用刀铲起原料平整地安放在盘中，是盖面、垫底、围边时常用的一种基本手法。运用铺法可使原料平整，并能加快加工的速度。铺前可将原料压一压，使原料表面更为平滑。

2. 排

排，即将原料平行安放在盘中排布好，一般是盖面、围边的专用手法。运用排法可使原料间平整一致，彼此相依。主要运用排法造型的冷盘通常称为排盘，如秋叶排盘、菱形排盘等。

3. 堆

堆，即运用勺舀或手抓，将原料自然地呈馒头状置于盘中的手法。该法常用于垫底或对细小原料的造型，其成型速度最快。

4. 叠

叠，即将片状原料有规则地一片压一片呈瓦棱形延伸的手法。该法可使菜肴造型富有节奏感，一般是盖面的专门手法。

5. 砌

砌，即犹如砌墙一般将原料整齐或交错地堆砌向上伸展的手法。该法常用片、块等料形，用于高台、山石等立体形象造型，亦用于基础加工，如垫底或砌墙打围等。

6.插

插，即将原料戳入另一原料中，或夹入另一原料间的缝隙中的手法。该法常用于填空和点缀，便于对冷盘造型不完美处进行修整，如对垫底的垫高等。

7.贴

贴，即将轻薄、体积小的不同性状原料黏附在较大物体表面的手法。如在鱼、龙等造型上贴鳞，在鸡、孔雀等造型上贴羽毛等。

8.覆

覆，即将扣在碗中的原料翻覆于盘中的手法。覆也是热菜造型的重要手法之一，其操作迅速，可使菜肴形态完整、饱满。

尽管冷菜装盘有如上八种基本手法，但在实际加工中，多将上述手法综合运用，例如对盐水虾的装盘常采用渐次围叠的综合手法等。

二、单一主料冷菜拼摆成形的技术要求

1.馒头形冷菜

馒头形冷菜又称半球形冷菜，是冷菜中最常用的一种装盘形式。运用该装盘方法时冷菜原料在盘中形成中间高、周围较低的半球形，因其形状与馒头近似，故而得名。

（1）拼摆方法

1）修面。先将冷菜原料修成长片或长块。一般而言，禽类原料修成平整的三片，畜类原料修成长方块，主要用于最后的盖面。

2）铺底。将多余的原料改切成片，码成馒头形的底。底要平整、紧实、丰满。

3）盖面。将片状的原料批成薄片或将块状原料切成片，先均匀整齐地将底的四周盖上，再整齐地将底的中间盖上。为了使装盘更饱满、平整，可以用相应大小的碗盖在上面，翻过来压实，再扣在盘中即可。

（2）技术要求

1）垫底原料要饱满。

2）围边原料要有一定的宽度和长度。

2.桥梁形冷菜

桥梁形冷菜是一种比较常用的传统冷菜装盘形式。运用该法时，冷菜装入盘中形成中间高、两头低的拱桥形，故而得名。

（1）拼摆方法

1）修面。此类冷菜的原料一般是无骨的块形原料，如牛肉、去骨的火腿、方腿等。先将原料修成整齐的长方体，主要用于最后的盖面。

2）铺底。将多余的料改成片，整齐地码在盘中，形成拱桥状。要求桥面平整、紧实，两侧竖直整齐。

3）盖面。将修好的盖面原料切成薄片，整齐排成长条形，宽度与铺底的桥形宽度一致，用刀将盖面的原料铲起，轻轻放在桥面上即可。

（2）技术要求

1）垫底原料要丰满。

2）刀工处理要均匀。

3）确保原料卫生。

技能1 馒头形冷菜制作——蓑衣黄瓜

一、操作准备

1. 原料

原料及用量见表4–17。

表4–17 原料及用量   g

原料	用量
新鲜黄瓜	500
精盐	10
味精	5

2. 设备与器具

操作台、砧板、碗、盘子、盆等。

二、操作步骤

步骤1　刀工处理

将黄瓜顺向切为两半，将带有弧度的一面朝内。然后用连刀法切成蓑衣花刀（每段的片数约为40片）。

步骤2　预处理

将切好的蓑衣黄瓜用平刀法去除一层废料，浸泡在淡盐水中。

步骤3　拼摆

把泡软的黄瓜拼摆成圆形，每做一层要垫底，否则就没有立体感和层次感，成品如图4-20所示。

图4-20　蓑衣黄瓜

三、操作要点

1. 要选择新鲜黄瓜。

2. 片要厚薄均匀，不能有断刀片。

3. 片与片之间不要排得太密，要整齐均匀。

四、质量要求

刀工精细，层次感强，口味咸鲜。操作时应保证干净卫生。

技能2　桥梁形冷菜制作——火腿单拼

一、操作准备

1. 原料

原料及用量见表4-18。

表 4-18　原料及用量　　　　　　　　　　　　　　　　　　　g

原料	用量
火腿	500

2. 设备与器具

操作台、菜刀、砧板、碗、盘子、盆等。

二、操作步骤

步骤 1　刀工处理

将火腿修成 5 cm 长、0.8 ~ 1 cm 厚的长方块，将多余的废料改成片垫底，整齐地码在盘中，并成两头低、中间高的桥梁形状，两侧要齐整竖直。

步骤 2　拼摆

将修好的盖面原料切成 0.2 cm 厚的薄片，整齐排成长条形，宽度与铺底的桥形宽度一致，用刀将盖面原料铲起，轻轻放在桥面上即可，成品如图 4-21 所示。

图 4-21　火腿单拼

三、操作要点

1. 片要长短一致，厚薄均匀。

2. 片与片之间不要排得太密，要整齐均匀。

四、质量要求

造型美观，饱满厚实，干净卫生。

参考文献

［1］周晓燕.中式烹调师（初级）［M］.2版.北京：中国劳动社会保障出版社，2007.

［2］周晓燕.烹调工艺学［M］.北京：中国纺织出版社，2008.

［3］王劲.烹饪基本功［M］.北京：科学出版社，2012.

［4］王东，李孔心.鲁菜实训教程［M］.南京：江苏凤凰教育出版社，2015.

［5］王东，陈正荣.中餐烹饪基础［M］.南京：江苏凤凰教育出版社，2015.

［6］王东.中式烹调实训教程［M］.北京：中国轻工业出版社，2013.